U0052356

時髦＋可愛＝
人氣 NO.1 ♥

從基礎技巧開始，
邁向達人級藝術指彩！

PART.1 step by step學基礎！

光療指甲基礎課程

P.02　指甲的基礎知識　　P.03　基本工具
P.04　準備工作　　　　　P.05　塗刷凝膠
P.06　貼甲片　　　　　　P.07　光療延甲
P.08　補甲&卸甲　　　　 P.08　光療指甲Q&A

PART.2 人氣美甲師推薦

NAIL GIRL HIT ART!

P.10　Drag Art　拉花彩繪　　　P.12　Paint Art　甲油彩繪
P.14　Metallic Art　金屬彩繪　　P.16　Matte Art　霧面彩繪

PART.3 一定要掌握の

定番彩繪款式

P.18　法式　　　　　P.20　大理石紋&絞染花紋
P.22　漸變　　　　　P.24　橫條&直條紋
P.26　點點　　　　　P.28　格紋
P.30　動物系　　　　P.32　珠寶

PART.4 時髦＋可愛＝人氣NO.1♥

TREND GEL NAIL COLLECTION

P.35　Situation 設計
　　　Office／Date／Wedding／Outdoor／Vacation
P.41　Color 設計
　　　Pink／Nudy／White／Red／Gold／Monotone／Blue&Purple／Yellow&Green
P.47　Material 設計
　　　Matte／Metallic／Fur

PART.5 人氣光療品牌の推薦工具&最新指彩大公開！

GEL BRAND COLLECTION

P.50　Bio Sculpture Gel
P.52　Raygel
P.54　Jewelryjel
P.56　DECORA GIRL
P.58　Presto
P.60　T-GEL COLLECTION
P.62　LEAFGEL PREMIUM
P.64　Palms Graceful

PART.6 給想再提高技術的你！

目標：光療指甲檢定試驗！

P.67　JNA光療指甲技能檢定試驗
P.72　I-NAIL-A光療指甲技能檢定試驗

P.76　用語索引

封面美甲設計

HIDEKAZU
自由美甲師
Raygel Educator
Instagram 　_hidekazu_

開始使用Instagram僅僅半年，就有超過一萬名粉絲的人氣自由美甲師。發表許多不受常識束縛，帥氣可愛（CoolCute）風格的指彩！

STAFF

總編輯　　福田佳亮

攝影　　　尾島翔太（封面・內頁）
　　　　　溝口智彥、宇賀神善之、北原千惠美

編輯　　　喜田千裕、宮本貴世
　　　　　日根野谷麻衣
　　　　　（以上STUDIO DUNK）

設計　　　伊地知明子、佐藤麻喜子
　　　　　STUDIO DUNK

廣告　　　阿部浩二、中嶋涼子

廣告協助　田中篤樹、石戸大輔
　　　　　宮野洸平、小滝裕二
　　　　　中島大貴、清水龍太、新井有美
　　　　　（有限會社アントラーク）
　　　　　〒151-0051
　　　　　東京都渋谷區代代木1-38-2
　　　　　MIYATA大樓7F

光療指甲**基礎**課程

從光療指甲的基礎知識到技巧，本單元將以初學者也能簡單易懂的講解介紹，為你奠定基礎。
開始享受光療指甲的生活吧！

 一定要記住！

指甲的基礎知識

開始作光療指甲前，請先記住指甲的名稱和形狀等，有關指甲的基礎知識。

Nailist

NailSalon&School
Detail

渡邊貴臣
Instagram ominail

01 常見的凝膠款式

軟式

主要用於光療指甲，以專用溶液即可簡單卸甲。
依廠牌還分有可延甲‧不可延甲的類型，請依用途自由選用。

硬式

主要用於製作水晶指甲。具有強度，可作延甲。需要以磨棒修磨來卸甲，但依廠牌也有能直接以專用溶液進行卸甲的品項。

03 指甲的名稱

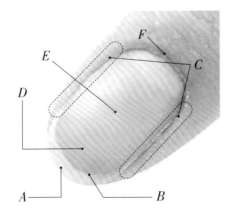

A 指甲前緣

指甲前端的白色部分，也是修剪長度的部分。

B 微笑線

指甲前緣和甲床交界的線條。

C 負荷點

微笑線和側甲溝交接處。

D 指甲板

除了指甲前緣之外，通稱作指甲的部分。

E 甲床

指甲板的基礎部分

F 甘皮

皮膚和指甲交界處的薄皮，可保護成長中的指甲。

02 喜好的指甲形狀？

圓形

從兩側到指甲前端成圓弧形。

橢圓形

兩側呈直線，指甲前端修成圓弧形。

尖形

在圓形的兩側進行修磨，使指甲前端呈尖銳狀。

方形

指甲前端＆側面皆呈直線，轉角為四方形。

方圓形

指甲前端＆側面皆呈直線，轉角稍微修磨成圓形。

04 筆的種類

A 平筆

筆尖呈平扁狀，使用方便的必備款。

B 細筆

筆毛纖細，適用於繪製細緻的設計。

C 斜筆

筆尖呈斜切線，可輕鬆畫出法式指甲。

D 圓筆

筆尖呈圓弧狀，塗畫弧度時必備。

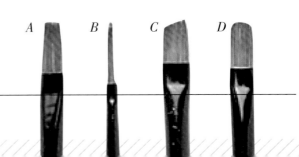

A　　B　　C　　D

基本工具

磨棒類

指甲專用銼刀，修整指甲形狀時使用。
以拋光棒打磨為現今的主流。

脫脂棉

擦拭粉塵＆去除溢膠時使用，捲在木棒上亦可作為棉棒使用。

消毒液

塗凝膠前一定要以消毒液消毒！因為凝膠和甲面間的衛生清潔不徹底，就是造成灰指甲的原因。

鋼推

推甘皮使用。也推薦可將指甲周圍甘皮妥善處理的陶瓷甘皮推。

甘皮剪

用於修剪多餘的甘皮＆附著在指甲上的死皮。

指甲清潔刷

清除準備工作＆打磨時產生的粉塵的刷子。以牙刷代替也OK。

卸甲棉

用於擦拭未硬化凝膠。由於比脫脂棉更不容易起毛屑，特別推薦完成時使用。

凝膠清潔液

擦拭附著於指甲表面的粉塵＆未硬化的凝膠時使用。亦稱作cleaner。

卸甲液

卸除凝膠時使用的溶液。將凝膠面稍微打磨後，以鋁箔捲繞包覆，使溶液滲入。

底層凝膠

作為基底的無色透明凝膠。可用於保護真甲防止色素沉澱，並提高彩膠的附著度。

上層凝膠

彩繪＆上色完成後塗刷的無色透明凝膠。既可顯出光澤，還能使指甲持久度更好。

延甲膠

適用於貼甲片＆延甲時使用。由於是固體膠，最適合用來作出長度。

彩膠

在底層凝膠之後使用的有色彩膠。有霧面、亮蔥、透空感……各式各樣的種類。

光療專用筆

凝膠專用筆。有平筆、橢圓筆、斜筆……可依用途挑選適用的筆尖形狀。

光療燈

使凝膠硬化的燈具。有UV和LED燈兩種。依使用的凝膠不同，適用的類型亦不同，請務必先確認。

櫸木棒

放置配件或擦拭溢出的凝膠時使用。捲上脫脂棉即可變成棉木棒。

一字剪

剪甲片的專門工具。剪甲後，需再以磨棒修整長度＆形狀。

延甲紙模

延甲時的底座，可在上面以延甲膠作出長度。

小剪刀

將配件分剪成小塊狀，或配合延甲紙模大小時，推薦使用的刀尖細長的剪刀。

甲片

用於補強指尖＆作出長度時，貼在指尖處。需以一字剪調整長度。

指甲黏著劑

黏貼甲片＆大顆配件時使用的黏著劑。由於乾燥後可能會有露出白色膠痕的狀況，用量請特別注意。

指緣油

防止指甲周圍的皮膚乾燥，給予養分的保養油。在完成美甲後塗擦，可用於保護指尖。

鋁箔紙

卸甲時包覆手指使卸甲液滲透。也可以代替調色盤來使用。

Check!

注意光源種類！

光療指甲的光源分為UV（紫外線）＆LED（可視光線），兩者之間最大的不同在於硬化時間。LED可以在短時間內硬化。市售的凝膠大多都有指定使用的光源，若使用非指定的光源也可能會造成無法硬化的狀況。因此建議依使用的凝膠品牌指示，選擇使用的光源。

準備工作

美甲前的準備工作是否確實，是影響美甲的結果、決定持久性的重要關鍵。

Item A B C D E

A／消毒液、B／脫脂棉、C／指甲砂銼、D／海綿磨棒、E／指甲清潔刷、F／鋼推、G／紗布、H／甘皮剪、I／磨棒、J／凝膠清潔液、K／卸甲棉、

F G H I J K

1 先消毒指尖周圍

以B脫脂棉沾附A消毒液，輕輕擦拭指尖消毒。

2 指甲較長時

以指甲剪大略修整長度。

3 修整指甲長度

以C指甲砂銼順著同一方向滑動，修整指甲長度。

4 修整側甲溝

以側甲溝和微笑線交界為起點，以C指甲砂銼修整指甲的側甲溝。

5 將指甲修出圓角

將側甲溝＆前端，以C指甲砂銼修順成圓弧狀。

6 磨除指甲內側的毛邊

以D海綿磨棒，磨除指甲內側的毛邊。

7 清除粉塵

以E指甲清潔刷，清掉修磨時產生的粉塵。

8 將甘皮往上推

使F鋼推與指甲呈45度角，將甘皮往上推。

9 將邊角確實地上推

以F鋼推的轉角，連同甘皮邊緣的邊角處也確實上推。

10 以紗布擦拭

攤開G紗布，捲在大拇指上，沾少量水後擦拭指甲周圍。

11 剪去多餘的甘皮

以H甘皮剪，剪下死皮或分離的甘皮。

12 打磨

以I磨棒，將甘皮周圍打磨。
※依凝膠性質的不同，也有不需打磨的凝膠。

13 表面打磨

在表面打磨，提高指甲的附著性。

14 清除粉塵

以E指甲清潔刷，清除打磨產生的粉塵。

15 拋光

以D海綿磨棒，整理指甲表面凹凸不平的狀態。

16 準備工作完成

以K卸甲棉沾附J清潔液，擦拭指甲表面，準備工作就完成了！

/ Finish! \

棉木棒的作法

以棉木棒推甘皮也OK，且比鋼推更推薦初學者使用喔！

1 攤開脫脂棉

攤開脫脂棉，露出中間柔軟的棉花部分。

2 捲上棉片

轉動櫸木棒，如挑起棉花般捲繞上。

3 整理形狀

以手背或手掌將棉花確實地捲繞在櫸木棒上。

學習基本的凝膠塗法！

塗刷凝膠

在此介紹最最基本的單色彩膠塗法。

Item Ⓐ Ⓑ Ⓒ Ⓓ Ⓔ Ⓕ Ⓖ

A／底層凝膠、B／光療專用筆、C／光療燈、D／彩膠、E／上層凝膠、F／凝膠清潔液、G／卸甲棉

Point 請特別注意凝膠厚塗或溢出等，初學者容易發生的狀況。

使用前先攪拌凝膠

為了防止出現色斑，使用前先行攪拌並避免氣泡產生。

※依凝膠種類不同，也有不需攪拌的凝膠品項。

注意塗膠分量

每次取膠大約為筆刷的1/3左右的量。不夠取時再補塗，以防一次塗得太厚。

以櫸木棒擦拭溢出的凝膠

在溢出的凝膠硬化前，以櫸木棒擦拭修正。

1 start!

以筆刷沾取底層凝膠

以B光療專用筆沾取A底層凝膠，約筆刷1/3左右的量。

2

將凝膠塗放於指甲中心

先將凝膠塗放於指甲中心處，再往指尖方向塗刷。

3

側甲溝塗刷凝膠

繼續將凝膠塗刷至指甲根部的甘皮邊緣，側甲溝也塗上凝膠。

4

塗刷指甲前緣

整體塗滿凝膠後，以筆刷腹部塗指甲前緣，再以C照光硬化。

5

以筆刷沾取彩膠

沾取筆刷1/3左右分量的D彩膠。

6

從指甲中心開始塗刷

將彩膠塗放於指甲中心處。

7

往指甲前緣方向延伸塗刷

彩膠往指甲前緣方向塗開，連側甲溝也要確實塗到。

8

往指甲根部方向塗刷

塗膠時要畫出甘皮緣，塗至邊角處時，請善加運用筆刷角。

9

塗刷指甲前緣

與底層凝膠作法相同，以筆腹將指甲前緣也塗上彩膠。

10

等待彩膠自然流動整平

讓凝膠自行流動平順，並確認有無未塗的部分，側甲溝也確認OK後再照光硬化。

11

塗刷第2次彩膠

以第1次塗刷彩膠時相同作法，塗刷彩膠後照光硬化。

12

沾取上層凝膠

沾取比筆刷1/3左右分量略多的E上層凝膠。

13

自指甲根部開始塗膠

將凝膠塗放於指甲根部處，往指甲前緣方向塗刷，連側甲溝都要塗到。

14

塗刷指甲前緣

以底層凝膠、彩膠相同作法，將指甲前緣塗後照光硬化。

15

擦拭未硬化凝膠

以G卸甲棉沾附F凝膠清潔液，擦拭未硬化凝膠。

16 Finish!

完成上膠

確實拭除未硬化凝膠，且無呈現黏膩感即完成！

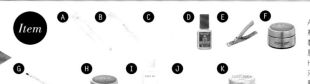

可以自由地選擇指甲長度！

貼甲片

短指甲的人也可以輕鬆改變長度的技巧。
彩繪的範圍也更寬廣囉！

Item
Ⓐ Ⓑ Ⓒ Ⓓ Ⓔ Ⓕ
Ⓖ Ⓗ Ⓘ Ⓙ Ⓚ

A／磨砂棒、B／海綿磨棒、C／指甲片、D／甲片黏著劑、E／一字剪、F／底層凝膠、G／光療專用筆、H／延甲膠、I／凝膠清潔液、J／卸甲棉、K／上層凝膠

Point 由於貼甲片屬於高階的技巧，操作時請確實地依步驟進行作業。

黏貼時
避免空氣跑入甲片
甲片黏貼時為免空氣跑入，應從指尖的下方黏貼。

側甲溝
也要確實接合
由於甲片容易從側甲溝處剝離，真甲＆甲片交界處應打磨整平。

注意黏著劑
不可溢出
黏貼甲片時，若有黏著劑溢出狀況，就以櫸木棒清除。

1 start!
修整指甲長度
指甲過長時，以A的180G磨砂棒將指甲前緣修短。

2
整體打磨
以B海綿磨棒，將指甲整體打磨整理。

3
配合指甲形狀修整甲片
配合真甲形狀，以A磨砂棒修整C甲片。

4
塗黏著劑
在甲片的凹陷處（接觸面）塗上D指甲黏著劑。

5
貼上甲片
甲片配合真甲角度貼合，以大拇指確實按壓負荷點。

6
修剪甲片
以E一字剪或甲片剪，剪至喜歡的長度。

7
以磨砂棒修整長度＆形狀
以A磨砂棒將指甲修整成喜歡的長度＆形狀。

8
表面打磨
以A磨砂棒將真甲＆甲片的高低差打磨至消失。

9
以筆刷沾取底層凝膠
以G光療專用筆，取1/2筆刷量的F底層凝膠。

10
塗底層凝膠
指甲整體塗刷底層凝膠，連指甲前緣也確實塗刷後，再照光硬化。

11
以筆刷沾取延甲膠
沾取H延甲膠。

12
作出置高點
為了側視甲面時呈自然曲線狀，作出置高點後照光硬化。

13
整體打磨
以卸甲棉沾附I凝膠清潔液，拭除未硬化凝膠，再以A打磨整體。

14
以筆刷沾取上層凝膠
沾取約1/2筆刷量的K上層凝膠。

15
整體塗滿上層凝膠
將上層凝膠塗滿甲面，連指甲前緣也確實塗刷後，照光硬化。

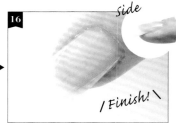
16 side
擦拭未硬化凝膠
以卸甲棉沾附I凝膠清潔液，拭除未硬化凝膠。
Finish!

長度&形狀皆能隨心所欲！

光療延甲

並非使用甲片，而是以凝膠作出喜歡的長度的方法。
屬於高階的的技巧！

Item

Ⓐ Ⓑ Ⓒ Ⓓ

Ⓔ Ⓕ Ⓖ Ⓗ Ⓘ

A／磨砂棒、B／海綿磨棒、C／凝膠清潔液、D／卸甲棉、E／底層凝膠、F／光療專用筆、G／延甲紙模、H／延甲膠、I／上層凝膠

Point

由於是高階技巧，直至熟練為止請勤加練習掌握訣竅。

**延甲紙模
要直線貼**

順著真甲直線，延伸貼上指甲模，重點在於前端要捲成細狀。

**真甲與紙模之間
不留空隙**

一旦有空隙就會使凝膠流動，因此請將紙模與真甲平行地貼上吧！

**作出正確的
置高點**

為了完成有強度且自然的形狀，正確的置高點位置非常重要。

1

\start!/

修整指甲長度

指甲較長時，以A磨砂棒修短，將指甲前緣修短至極限。

2

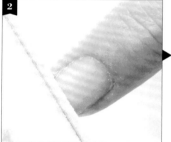

打磨

以B海綿磨棒將指甲整體打磨，並清除粉塵。

3

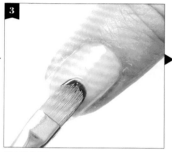

塗刷底層凝膠

以D沾附C後擦拭指甲表面，再塗刷E底層凝膠&照光硬化。

4

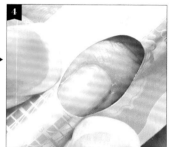

對合紙模

將G紙模對合指甲，確認微笑線的形狀。

5

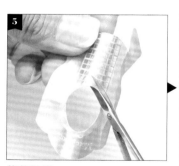

裁剪紙模

對合真甲作出弧度後，配合微笑線的形狀裁剪。

6

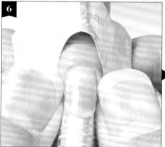

貼上紙模

貼合至負荷點處，不要有空隙。

7

塗刷延甲膠

依序自指甲中央→側甲溝→指甲前緣，塗刷H延甲膠。

8

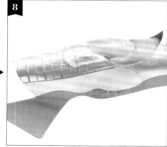

確認有無空隙

側視檢查，確認真甲&延甲膠間有無空隙和高低差。

9

修整指甲前緣

修整指甲前緣形狀。此時也要確認負荷點是否有被延甲膠包覆。

10

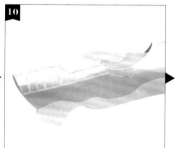

作出置高點

以筆尖將延甲膠集聚至甲面中心，作出高度後暫時硬化。

11

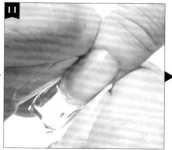

塑甲

以負荷點當作中心進行塑甲，待整理好形狀後再完全硬化。

12

side

塗刷上層凝膠

以A修整指甲形狀&塗刷後照光硬化。再以D沾附C，拭除未硬化凝膠。

為了確實地保養到指尖

補甲&卸甲

為了能夠長久享受光療指甲的樂趣，將真甲的負擔
減至最低的補甲&卸甲非常重要！

Item Ⓐ Ⓑ Ⓒ Ⓓ Ⓔ Ⓕ

Ⓖ Ⓗ Ⓘ Ⓙ Ⓚ Ⓛ

A／鋼推、B／磨砂棒、C／底層凝膠、D／彩膠、E／上層凝膠、F／凝膠清潔液、G／卸甲棉、H／卸甲液、I／棉片、J／鋁箔、K／指甲清潔刷、L／指緣油

上膠
補甲

真甲變長後，就來補甲吧！
但根據凝膠類型，
也有不能補甲的款式，
因此請先確認清楚。

1
\ Start! /

打磨
以A上推後，再以B磨砂棒稍微拋磨一部分顏色。

2

塗刷底層凝膠
整體塗上C底層凝膠&照光硬化。塗刷時的重點在於補平高低差。

3
/ Finish! \

塗刷彩膠&上層凝膠
以D塗整體&照光硬化，重復2次。再塗刷E後照光硬化，拭除未硬化凝膠。

上膠
卸甲

為了避免傷及真甲，
請務必仔細地卸甲。
卸甲後也一定要
以指緣油保濕喔！

1
\ Start! /

打磨
以B・180G磨砂棒拋磨上層凝膠。

2

將卸甲棉浸透卸甲液
將H剪成小塊狀後沾附I，疊放在指甲上，並以J包覆10分鐘。

3
/ Finish! \

以鋼推卸除
待凝膠浮起後，以A刮除&以K清除粉塵，再以I進行保濕。

貼甲片・延甲
補甲

以補甲作出如剛接好般的
漂亮指甲，
重點在於表現出厚度。

1
\ Start! /

打磨
以B・180G磨砂棒磨除凝膠部分，浮起的部分也一併削除。

2

清除粉塵&髒汙
以G卸甲棉沾附F凝膠清潔液，拭除粉塵&髒汙。

3

塗刷底層凝膠
沾取較多量的C底層凝膠，補平高低差後塗刷整體&照光硬化。

4

塗刷上層凝膠
將整體塗滿E上層凝膠，再照光硬化。若要上色，則在此步驟前進行。

5

修整負荷點
以B・180G磨砂棒，將側甲溝至負荷點修整成漂亮的直線。

6

修整指甲形狀
以B・180G磨砂棒削磨長度後，修整成喜歡的形狀。

7
/ Finish! \

清除粉塵
以K指甲清潔刷確實清除粉塵，再以G沾附F拭除髒污即完成。

貼甲片・延甲
卸甲

凝膠一旦浮起，
就進行卸甲吧！
操作重點在於
一點點地慢慢削除。

1
\ Start! /

修剪指甲前緣
為了方便卸甲，以指甲剪修剪指甲長度。

2

整體打磨
以B・180G磨砂棒，以磨削上層凝膠的感覺打磨指甲表面。

3

疊放卸甲棉
將配合指甲大小剪成小塊的I，沾附H後放在指甲上。

4

以鋁箔包覆，使卸甲液滲透
手指捲覆J鋁箔，靜置10分鐘讓卸甲液滲透。

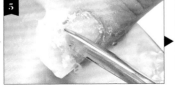

5

以鋼推卸除
待凝膠浮起後，以A刮除，但請小心不要傷及指甲。

6

清除粉塵
以K指甲清潔刷，確實地去除凝膠屑。

7
/ Finish! \

保濕
以L指緣油塗刷指甲&甘皮周圍進行保濕，完成！

Question 01 卸甲時要注意那些重點？

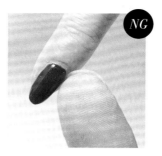

即使凝膠已浮起與甲面分開，但硬剝開凝膠絕對NG！這種錯誤的處理會造成真甲極大的負擔，使指甲變薄＆指甲層分裂，所以一定要以專用溶液來卸甲！但皮膚若長時間接觸溶液，也可能會引起皮膚粗糙等狀況，因此建議將沾附溶液的脫脂棉剪成指甲大小來使用。

Question 02 指緣塗膠很困難！

塗大拇指時以食指指腹、其他手指則以大拇指指腹，將指甲側甲溝的皮膚下壓，就能順利塗刷邊緣了。而事前保養，先將死皮處理乾淨也是很重要的重點。

Question 03 為什麼凝膠立刻就浮起了？

首先應該重新確認的是上膠前的「準備工作」。檢查死皮是否已處理乾淨？打磨時是否有確實拋磨至指甲邊緣？若是從指尖開始分離的狀況，可能是指尖沒有塗到凝膠造成的。日常生活中經常使用的指尖是容易剝離的部分，因此塗刷凝膠時，請確實地塗刷指甲前緣。

Question 04 為什麼凝膠表面混濁不平整？

最有可能的原因是未硬化的凝膠沒有擦拭乾淨。請以卸甲棉或脫脂棉沾附凝膠清潔液，從指甲根部往指尖方向擦拭；但若持續以同一面擦拭是無法擦乾淨的，訣竅在於應依手指改變擦拭面。而硬化不足或上層凝膠不足也可能造成混濁，請特別注意。

\ 解決光療指甲的困擾！/

光療指甲Q＆A

本篇特別整理了光療指甲初學者容易卡住的疑問點！
參考注意重點，以正確的作法來享受光療指甲的樂趣吧！

Question 05 self leveling 是什麼意思？

塗凝膠時，就算表面稍有凹凸不平，只要靜待數秒，凝膠就會往低處流動，自然地成為平滑狀，這個狀況稱作「甲面整平」。請活用凝膠的這種性質，不要慌張地完成平順光滑的指甲吧！

Question 06 有初學者也能完美上色的推薦顏色嗎？

適合初學者的顏色
霧面彩膠

高難度
珍珠色系

雖然淺珍珠系列的顏色高雅、質感佳，但容易留下筆刷痕跡＆產生色斑，是很難掌控的色系。相反的，深色的霧面色系由於能確實上色，初學者也很適合。如果不小心產生了色斑，再重疊塗上亮蔥就不顯眼啦！

Question 07 LED燈能讓UV凝膠硬化嗎？

依凝膠產品不同，也有可達成硬化的品項；但從凝膠的密著度＆持久度來考慮，還是不夠充分的，也可能會有表面硬化，內裡還沒硬化的狀況……因此請先確認各品牌推薦的燈具＆相對應的凝膠，正確地使用。

Question 08 卸甲後指甲變白了！

指甲變白的主要原因是乾燥，卸甲後別忘了以指緣油加以保濕喔！但也有可能是卸甲時硬剝掉凝膠，造成真甲剝落，看起來變白的狀況。因此卸甲時，請務必以專用溶液讓凝膠軟化後，再輕輕卸除。

Question 09 凝膠硬化時感受到熱氣！

凝膠產生的「硬化熱」，意指有可能在硬化時感到熱氣＆疼痛。在指甲受傷或凝膠塗得較厚時，更是特別有感覺。感受到熱度＆疼痛時，就暫時將手離開燈具，待不適感減輕後再將手放進燈具內。

Question 10 綠指甲是怎樣的狀態？

甲面＆甲片有「綠膿菌」增生，變成綠色的狀態。浮起的凝膠若一直不處理，一旦水分跑了進去，就容易產生綠指甲。而出現綠指甲的狀況時，在顏色全部消褪之前，就減少作指甲吧！

Drag Art
拉花彩繪

如孔雀紋＆大理石花紋般，以美麗色彩呈現出充滿魅力的拉花藝術。
學會拉線方法，就能在指尖作出豪華又高雅的彩繪設計！

以質感佳的色彩，
作出不沉重＆
帶有格調的配色。

Point

每次拉線後，
都要將畫筆擦拭乾淨！

描繪花樣的Drag Art。為了畫出細緻
且均等的花樣，拉線後一定要將畫筆
擦拭乾淨，或使用針尖、牙籤等工具
也OK。請特別注意，拉畫的速度也
是畫出漂亮的拉花彩繪的重點喔！

Nailist

*nail me!

天田千鶴子

Instagram nail_me_hachioji

Item

Ⓐ Ⓑ Ⓒ
Ⓓ Ⓔ Ⓕ Ⓖ
Ⓗ Ⓘ Ⓙ

A／透明膠、B至G／彩膠（駝色・深藍・金色・
紫色・鮮粉紅・酒紅）、H・I／金屬貼片（圓形・
方形）、J／上層凝膠

1

塗刷A透明膠後，照光硬化。再以B
駝色、C深藍、D金色彩膠畫線，不
硬化。

2

依同樣作法，以D至G彩膠畫線，不
硬化。

3

以乾淨的細筆自指甲根部往指尖方向
拉線。

4

在步驟3的線條間，再反方向拉線後
照光硬化。

5

平均地排上H・I金屬貼片。

6

指甲整體塗上J上層凝膠後，照光硬
化即完成。

以淡色調與玳瑁搭配，
使整體效果不顯繁複。

Item

A／透明膠、B至E／彩膠（駝色‧粉藍‧橘色‧綠色）、F／金屬貼片（葉子）、G／
上層凝膠

1 先塗刷A，照光硬化；再塗刷B，照光硬化。

2 塗刷A透明膠，在前端空出少許間隔後，以C至E畫橫線。

3 以乾淨的細筆自指甲根部往指尖拉線。

4 在步驟3的線條之間，以反方向拉線。

5 注意整體平衡，重複步驟3‧4後，照光硬化。

6 放上F金屬貼片，全體塗上G上層凝膠，照光硬化即完成。

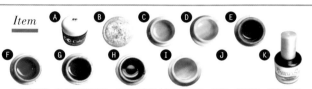

Item

A／透明膠、B／貝殼紙碎片、C至I／彩膠（粉藍‧黃色‧酒紅‧鮮粉紅‧紫色‧深藍‧蠟筆粉）、J／極光玻璃紙、K／上層凝膠

1 塗刷A透明膠＆放上B貝殼紙碎片後，照光硬化。

2 塗刷A透明膠後，照光硬化。

3 再塗刷一層A透明膠後，以C至I的彩膠隨意畫上點點。

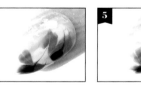

4 注意整體感，以細筆將點點混合，照光硬化。

5 平均地放上J玻璃紙碎片。

6 全體塗上K上層凝膠，照光硬化。

透映出埋入的
貝殼紙碎片的透明感設計，
讓心情也閃亮了起來！

Private Nail

照映出天空的彩繪，讓羅曼蒂克的世界更為遼闊♡

骷髏×鮮豔色彩，完成無法超越的豪華指甲！

最小限度的色彩×大量的金色配件。

各式各樣的配件依擺放方法不同，呈現出高雅氣質♪

Paint Art
甲油彩繪

唯有甲油彩繪才能完美表現出想要表達的花樣。
善用細線筆，讓指甲彩繪的世界更為寬廣！

Nailist

nail salon FAVON

岡田美紀

Instagram favonnail

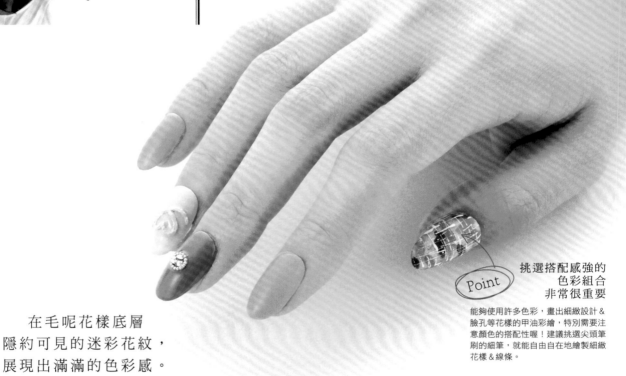

在毛呢花樣底層
隱約可見的迷彩花紋，
展現出滿滿的色彩感。

Point

**挑選搭配感強的
色彩組合
非常很重要**

能夠使用許多色彩，畫出細緻設計＆
臉孔等花樣的甲油彩繪，特別需要注
意顏色的搭配性喔！建議挑選尖頭筆
刷的細筆，就能自由自在地繪製細緻
花樣＆線條。

Item

A／底層凝膠、B至F／彩膠（焦糖・白色・卡其・
紫色・灰色）、G／霧面上層凝膠

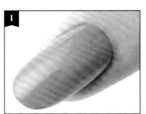
1 先塗刷A底層凝膠＆照光硬化，再塗
刷2次B焦糖色＆照光硬化。

2 薄薄地塗上C白色彩膠後，直接以脫
脂棉按壓後照光硬化。

3 以D至F的彩膠塗上斑點，作出迷彩
花紋後照光硬化。

4 塗刷G霧面上層凝膠＆照光硬化。

5 以細筆取C白色彩膠，畫出毛呢格紋
＆照光硬化。

6 將指甲整體塗刷G霧面上層凝膠，照
光硬化即完成。

Lip Paint

在反覆塗刷的黑色基底上，
綻放色彩鮮艷的花瓣吧！

Item

A／底層凝膠、B至F／彩膠（黑色・白色・黃色・紫色・鮮粉紅）、G／上層凝膠

1 先塗刷A底層凝膠＆照光硬化，再塗刷2次B黑色彩膠＆照光硬化。

2 以C白色彩膠，在指尖處以筆按壓般地畫出花瓣。

3 同樣以C白色彩膠補足花瓣。

4 以相同作法，在指甲根部畫花瓣後照光硬化。

5 以D至F的彩膠重疊塗刷＆畫上花芯後，照光硬化。

6 以G上層凝膠塗滿指甲整面，完成！

Item

A／底層凝膠、B至E／彩膠（白色・駝色・亮藍色・黑色）、G／金屬貼片（圓形・菱形）、H／上層凝膠

Bohemian Paint

取用配色組合的色彩，
以細筆補足線條，
完成原住民風花樣的彩繪。

1 先塗刷A底層凝膠＆照光硬化，再塗刷2次B白色彩膠＆照光硬化。

2 以C駝色彩膠畫出兩道橫條後，照光硬化。

3 以D亮藍色彩膠沿著步驟2畫出的線條畫線後，照光硬化。

4 以E黑色彩膠依相同作法畫線後，照光硬化。

5 以E畫上原住民圖騰。

6 放上F・G金屬貼片，整體塗刷G上層凝膠後照光硬化，完成！

Private Nail

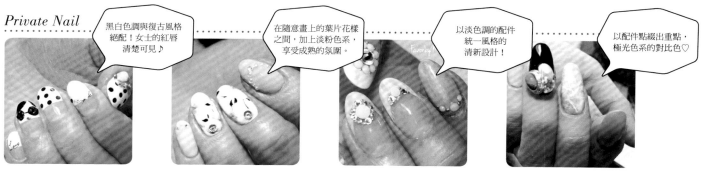

黑白色調與復古風格絕配！女士的紅唇清楚可見♪

在隨意畫上的葉片花樣之間，加上淡粉色系，享受成熟的氛圍。

以淡色調的配件統一風格的清新設計！

以配件點綴出重點，極光色系的對比色♡

Metallic Art
金屬彩繪

添加相關元素，就能完成帥氣美的金屬彩繪。
不僅能充分醞釀出大人的氛圍，和飾品也很搭！

Nailist

machErié Nail

野口惠理

HP http://ameblo.jp/
macherie-nail0508

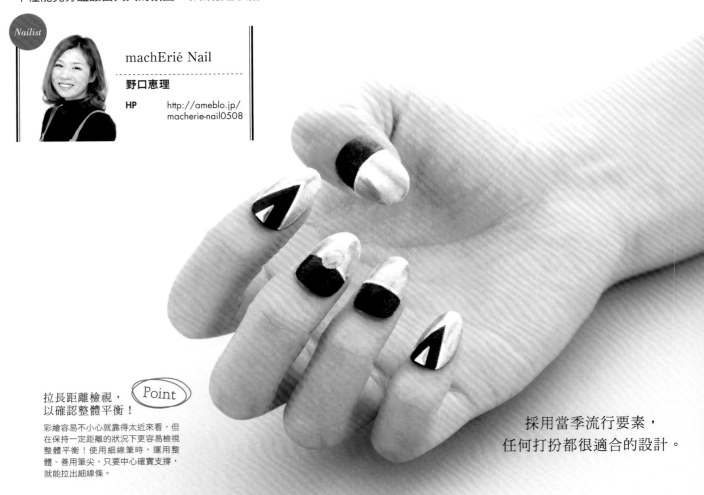

Point
拉長距離檢視，
以確認整體平衡！

彩繪容易不小心就靠得太近來看，但
在保持一定距離的狀況下更容易檢視
整體平衡！使用細線筆時，運用整
體、善用筆尖，只要中心確實支撐，
就能拉出細線條。

採用當季流行要素，
任何打扮都很適合的設計。

Item

A／底層凝膠、B／彩膠（灰色）、C／Non Wipe
上層凝膠、D／鏡面粉（銀色）、E／彩膠（黑
色）、F／線條貼紙、G／配件（石頭底座）、
H・I／3D粉雕粉（白色・黑色）、J／皮革感上層
凝膠

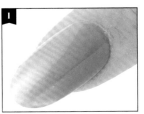

1 先塗刷A & 照光硬化，塗刷B灰色
彩膠 & 照光硬化，再塗刷C・Non
Wipe上層凝膠 & 照光硬化。

2 鋪上D鏡面粉。

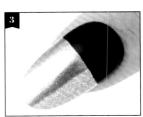

3 以E黑色彩膠塗刷指甲根部一半後，
照光硬化。

4 貼上F線條貼紙 & 放上G配件。

5 在G配件中，以H・I粉雕粉混成大
理石花紋，作成天然石風的花樣。

6 僅在黑色部分塗刷皮革感上層凝膠，
照光硬化即完成。

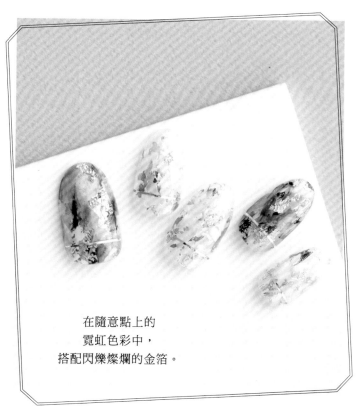

在隨意點上的
霓虹色彩中，
搭配閃爍燦爛的金箔。

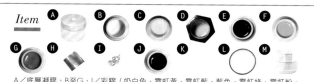

Item

A／底層凝膠、B至G·J／彩膠（奶白色·霓虹黃·霓虹藍·藍色·霓虹綠·霓虹粉·黑色）、H／金色鋁箔、I／金箔、K／極光鋁箔片、L／線條貼紙（銀色）、M／上層凝膠

先塗刷A＆照光硬化，再將指甲整體塗刷B奶白色彩膠＆照光硬化。

隨意塗上C至G彩膠，但還是要能看到步驟1的顏色。

將指甲轉貼上H金色鋁箔。

任意放上I金箔，再隨意地塗上J黑色彩膠。

隨意地在指甲上轉貼K極光鋁箔片。

貼上L線條貼紙後，將指甲整體塗刷M上層凝膠，再照光硬化即完成。

Item

A／底層凝膠、B·G／彩膠（白色·黑色）、C／3D粉雕粉（白色）、D／Non Wipe 上層凝膠、E／鏡面粉（銀色）、F／眼珠配件、H／上層凝膠

先塗刷A＆照光硬化，再將指甲整體塗刷B白色彩膠＆照光硬化。

以C粉雕粉作角，再塗上D·Non Wipe上層凝膠＆照光硬化。

將指甲整體鋪上E鏡面粉。

放上F眼珠配件＆照光硬化。

以G畫出睫毛＆照光硬化。

同樣以G畫出嘴巴，再以H上層凝膠塗刷指甲整體，照光硬化即完成。

使用閃爍七彩虹色的鏡面粉，
並以粉雕粉加上角，
讓臉孔更為可愛。

Private Nail

多彩亮片的閃耀指甲，以法式＆愛心表現出透空感♪

將象牙白點綴上金色，凸顯出存在感！

以配件強調重點，並加入流行的亮片彩繪元素♡

鋪滿燦爛奪目的亮蔥，再以指尖的愛心彩繪完成收斂的設計。

Matte Art
霧面彩繪

以無光澤感的霧面彩繪，表現出上品女性的優雅。
完成與一般的顏色氛圍不同，洋溢著個性＆魅力的指彩！

將大麥町花紋埋入毛海素材，
就能作出更為擬真的質感。

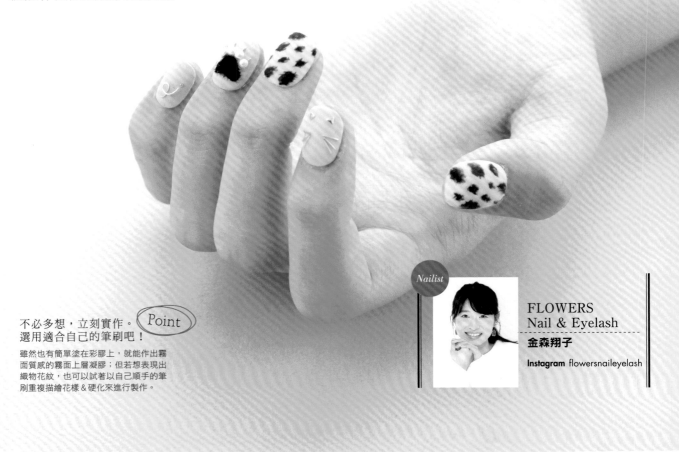

不必多想，立刻實作。 **Point**
選用適合自己的筆刷吧！

雖然也有簡單塗在彩膠上，就能作出霧
面質感的霧面上層凝膠；但若想表現出
織物花紋，也可以試著以自己順手的筆
刷重複描繪花樣＆硬化來進行製作。

Nailist

FLOWERS
Nail & Eyelash
金森翔子
Instagram flowersnaileyelash

Item

A／底層凝膠、B・C／彩膠（灰棕色・黑色）、D
／金屬貼片（三角）、E／珍珠、F／Non Wipe上
層凝膠、G／天鵝絨（黑色）、H／霧面上層凝膠

1 先塗刷A＆照光硬化，再將指甲整面塗刷B灰棕色彩膠＆照光硬化。

2 以C黑色彩膠畫出肉球底座。

3 放上作為指甲的D三角金屬貼片＆照光硬化。

4 在D金屬貼片底部放置E珍珠。

5 以F・Non Wipe上層凝膠塗刷黑色部分，再放上G天鵝絨。

6 將天鵝絨之外的部分塗上H霧面上層凝膠，照光硬化即完成。

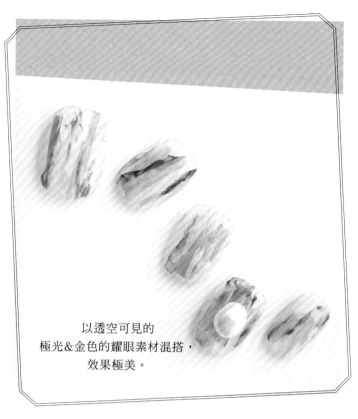

以透空可見的
極光＆金色的耀眼素材混搭，
效果極美。

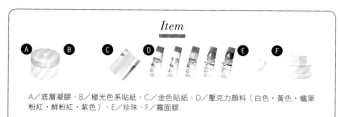

A／底層凝膠、B／極光色系貼紙、C／金色貼紙、D／壓克力顏料（白色・黃色・蠟筆粉紅・鮮粉紅・紫色）、E／珍珠、F／霧面膠

1

先塗刷A底層凝膠＆照光硬化，再隨意貼上B極光色系貼紙。

2

貼上C金色貼紙，塗膠後照光硬化。

3

拭除未硬化凝膠，以D壓克力顏料作畫。

4

上色時注意整體感，不要將透明感＆亮面貼紙全部蓋到看不見。

5

塗刷少量A＆放上E珍珠後，照光硬化。

6

塗刷F霧面凝膠，照光硬化即完成。

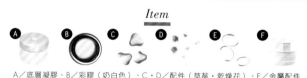

A／底層凝膠、B／彩膠（奶白色）、C・D／配件（草莓・乾燥花）、E／金屬配件（金色）、F／霧面上層凝膠

1

先塗刷A＆照光硬化，再塗刷B奶白色彩膠＆照光硬化。

2

塗刷少量A後，放上C草莓配件。

3

放上D乾燥花配件後，照光硬化。

4

混合A底層凝膠＆B奶白色彩膠，再放上草莓＆花朵。

5

放上E金色配件。

6

塗刷霧面上層凝膠，照光硬化即完成。

在蠟燭般質感的彩膠中，
埋入乾燥花＆草莓配件。

Private Nail

排列感的配件裝飾＆淺色金蔥甲面，浪漫氣氛滿分♪

以淺粉紅作出富有趣味性的流行指彩！

在透明色系中，閃爍著若隱若現的極光光輝♡

在霧面般的暗沉色系甲面上，以相同顏色點綴上立體的彩繪。

VERS Nail&Eyelash

French 法式

任何場合皆OK的萬能法式設計。
只要學會基本型，就能自由變化，享受獨一無二的樂趣！

以貓眼膠表現細微的差異，
再加上低調的金屬貼片，
營造出高雅的氛圍。

以駝色×粉紅色的
變形法式，
作出少女風的指彩。

Item

A／底層凝膠、B／貓眼膠（牛仔藍）、C／上層凝膠、D／金屬貼片

Item

A／底層凝膠、B至E／彩膠（灰棕色‧灰色‧亮粉紅‧金蔥）、F／上層凝膠

1 先塗刷A＆照光硬化，再以B自側甲溝開始畫線，作法式指甲。

2 自步驟1起頭處的另一端拉線，整順法式線條。

3 以貓眼膠專用磁棒，將色彩作出花樣後照光硬化。

4 先塗刷少量C，放上D＆照光硬化，再將C塗滿甲面完成作品。

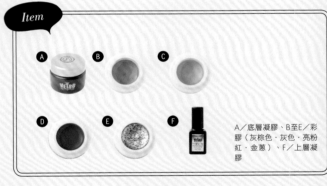

1 先塗刷A＆照光硬化，再以B灰棕色彩膠在指甲中心處畫上粗線＆照光硬化。

2 以C灰色彩膠在步驟1的側邊畫上粗線後，照光硬化。

3 以D亮粉紅彩膠畫上粗線後，照光硬化。

4 以E金蔥彩膠拖出線條＆照光硬化，再塗上F完成作品。

Total Beauty K's Art

（左上）混搭花朵圖案的成熟色彩法式。（左下）東方色系×金色，效果絕佳！
（右上）以流線感的變形法式，完成美麗的指彩☆（右下）細緻的黑色花朵×駝色系的法式，散發優雅氣質。

NAIL T-an

（左上）將簡約的法式，以POP色彩加上玩心。（左下）以奢華的色彩×彩繪法式，展現帥氣的魅力！
（右上）霧面色彩配上金色大配件就是時尚！（右下）將襯托膚色效果極佳的駝色點綴上水鑽，作出甜美辛辣風。

Nail Salon CORNA

（左上）可愛的區塊風法式，黑色線條加強了層次感。（左下）霧面綠的法式，時尚度UP！
（右上）女孩兒最喜歡的粉紅法式，稍微點綴上水鑽的效果大讚！◎（右下）以溫暖的橘色帶入朝氣，最適合辦公室了！

Marbl&Jie-dyeing

大理石紋&絞染花紋

salon maiya

雖然簡單，但看起來相當時尚的大理石紋&絞染花紋指繪。

以透明色彩的大理石紋，
作出帶有穿透感的
古典設計。

以優雅的粉紅絞染紋，
強調出女人味♡
大顆的配件是重點

Item

A／底層凝膠、B至D／彩膠（透明黑・透明紫・黑色）、E／上層凝膠

Item

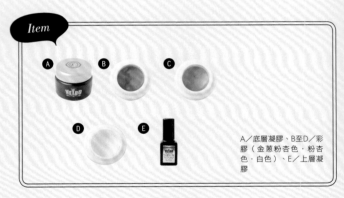

A／底層凝膠、B至D／彩膠（金蔥粉杏色・粉杏色・白色）、E／上層凝膠

先塗刷A＆照光硬化，再塗一次B，但不要硬化。

隨意地塗上透明紫彩膠。

將步驟2的色彩以筆拍打暈開，畫出大理石紋後照光硬化。

以D黑色彩膠畫出花樣，照光硬化後，塗上E完成作品。

先塗刷A＆照光硬化，再塗一次B，但不要硬化。

將C粉杏色彩膠以線狀塗於甲面。

將D白色彩膠沿著步驟2的色彩畫出線條。

以筆將甲面的彩膠暈開＆照光硬化，再塗上E完成作品。

Other designs

（左上）混搭透明色彩＆霧面色彩的優雅風，加入珍珠更加顯得女性化。（左下）以玫瑰的大理石紋加以區別，並以亮片添上閃亮的光輝。
（右上）華麗的金蔥×亮片的底色閃亮耀眼！（右下）畫出帶有微妙差異的絞染紋後，以雙色線條收斂整體印象。

Nail Salon&School delight

（左上）大地色系的迷彩花樣超時尚！點綴羽毛配件更加分！（左下）保留透明感的絞染花紋，並加上珍珠完成俐落的指彩。
（右上）以拿鐵色系為主題，完成饒富趣味的巧克力風美甲♡（右下）不對襯的絞染紋正時髦！

Choés NAIL PRODUCE

（左上）可愛的花朵風大理石紋♡以薄荷綠予人優雅的印象。（左下）如水彩畫般的絞染紋，是不是很美呢！
（右上）棕色的反法式指甲是成熟的大人風情。（右下）大理石風的絞染紋×高貴的珍珠，質感一級棒！◎

Gradation 漸變

很推薦初學者嘗試的漸變色指彩。
熟練後，就試著挑戰看看各種暈染作法吧！

將美麗的漸變色
以金色線條
帶出強弱感。

以輕柔的漸變色
表現出韻味，
並點綴上大顆珍珠！

A／底層凝膠、B・C／彩膠（駝色・金蔥）、D／上層凝膠

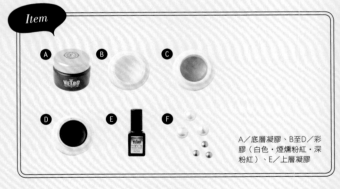

A／底層凝膠、B至D／彩膠（白色・煙燻粉紅・深粉紅）、E／上層凝膠

1
先塗刷A＆照光硬化，再以B駝色彩膠塗上筆直線法式。

2
以筆刷將步驟1的顏色交界處暈開，作出漸變色。

3
重疊上B＆暈開交界處，加深漸變色後照光硬化。

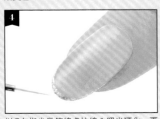

4
以C在指尖微笑線處拉線＆照光硬化，再塗上D完成作品。

1
先塗刷A底層凝膠＆照光硬化，再塗2次白色彩膠。

2
隨意點上C・D彩色凝膠。

3
以筆刷將步驟2的顏色拍打暈開，作出漸變色後照光硬化。

4
塗刷少量E＆平均地放上F，照光硬化後再塗上E完成作品。

Other designs

Nail Salon Tiara

（左上）珠寶×銀蔥的組合予人冷調的印象。（左下）人氣的鏡面美甲，以漸變技巧提升整體質感！
（右上）煙燻粉紅的漸變色×花朵的組合，令人深深迷戀♡（右下）略帶透明感的白色底色×暈染的漸變色，真是羅曼蒂克呢！

Azur Nail

（左上）以帶有滾動感的珠寶配置，完成奢華感。也很適合宴會場合唷！（左下）在金蔥的漸變色彩中，灑落多彩的水鑽。
（右上）以成熟的紫色漸變搭配亮粉，展現優雅風格。（右下）如花瓣般暈散的漸變色，充分傳遞出女性的柔美。

Nail Salon & School Crystal-Rose-Nail

（左上）將水果般鮮嫩多汁的色彩妝點上多彩的水鑽。（左下）巧克力色系的漸變色×單色調的無名指，真是絕妙的搭配！
（右上）寶石般的凝膠×鐵絲藝術，正是當下的流行趨勢！（右下）以霓虹般的漸變色作出個性派美甲。

23

Border&Stripe

橫條&直條紋

依設計不同，可以休閒風，也能優雅。
表情多變的橫條&直條紋，
重點在於線條的拉法。

以霧面的質感&
金色直條紋，
表現出與眾不同的魅力！

金屬銀×
單色橫條紋
=完全帥氣！

Item

A／底層凝膠、B至E／彩膠（駝色・橘色・灰棕色・亮粉紅）、F至G／線條貼紙（金色・白色）、H／霧面上層凝膠、I／上層凝膠、J／金屬貼片

Item

A／底層凝膠、B至C／彩膠（白色・黑色）、D／線條貼紙、E／上層凝膠、F／金屬貼片

1 先塗刷A＆照光硬化，再塗2次B駝色彩膠。

2 隨意塗上將C至E彩膠後，照光硬化。

1 先塗刷A＆照光硬化，再塗2次B白色彩膠。

2 以C黑色彩膠畫上粗細變化的橫條紋後，照光硬化。

3 拭除未硬化凝膠，貼上F・G作出直條紋後，照光硬化。

4 塗刷H＆照光硬化，並在指甲根部塗刷少量I，再放上J完成作品。

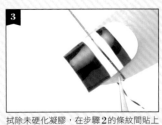

3 拭除未硬化凝膠，在步驟**2**的條紋間貼上D線條貼紙。

4 塗刷少量E＆放上F後，照光硬化。再塗上E完成作品。

Other designs

（左上）亮色系的橫條紋×珍珠的創新搭配！（左下）以米白色為基調，統合大花＆橫條紋的整體感。
（右上）流星般的條紋法式超可愛♡（右下）霧面感的高雅色彩，特別適合細緻的直條紋！

（左上）優雅的法式指甲以金色橫條表現強弱。（左下）以閃亮的水鑽＆大理石橫條紋加上重點。
（右上）深藍×白色直條紋×珍珠的搭配，超推薦！（右下）柔和漸變色×米白條紋的組合，減少了些許休閒感！

（左上）使紅色橫條紋照映在簡約的駝色基底上♡（左下）以多彩的直條紋×綠色，營造出些微的復古風情。
（右上）毛茸茸彩色配件＆黑白條紋的搭配組合真可愛！（右下）以彩虹色的橫紋設計，作出休閒可愛的指彩。

𝒟ots 點點

小圓點予人少女感，大點點則展現時尚風格。
加入亮片的設計，初學者也能輕鬆完成！

以北歐風的圓點
作出花朵圖案♡
加入黃色作為提亮吧！

時尚的霧面亮蔥＆
黑色圓點。
大顆配件是裝飾重點唷！

Item

A／底層凝膠、B・C・E
／彩膠（白色・灰色・深
藍）、D／Non Wipe上
層凝膠、F／磨砂彩繪用
的砂（深藍）

Item

A／底層凝膠、B／金蔥
亮片（極光色）、C／亮
片（黑色）、D／上層凝
膠、E／霧面上層凝膠

1

先塗刷A＆照光硬化，再塗2次B白色彩
膠。

2

以C灰色彩膠畫上點點＆線條，作出花樣
後照光硬化。

3

塗上D後照光硬化，再與步驟2的顏色交
錯，以E畫上花樣。

4

將F放在步驟3的花樣上，照光硬化後，
以指甲清潔刷整理乾淨。再次重複步驟3
的作業完成作品。

1

先塗刷A＆照光硬化，再以A・B混合金蔥
色彩塗刷2次。

2

平均地放上C亮片，作出點點後照光硬
化。

3

以D塗刷整體甲面，待表面沒有凹凸後照
光硬化。

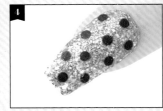

4

塗刷E霧面上層凝膠，完成作品。

（左上）蠟筆色系的櫻桃點點相當討喜。（左下）以透明基底的圓點×花朵，營造透空感。
（右上）黑白色的亮片花朵成熟又優雅。（右下）點點亮片×金蔥色真是絕配！

NAIL&SCHOOL CRAZY DOTS

（左上）以深酒紅×動物紋彩繪作出時髦感。（左下）原色點點選擇成熟色系是正解！
（右上）透明點點×霧面質感，享受全年四季皆OK的指彩樂趣。（右下）鮮亮的紅色×黑白色點點非常性感。

（左上）以裸色系襯托出透空點點。（左下）點點法式的設計，使手指更顯修長的效果絕佳！
（右上）多彩的法式以黑色圓點收斂出整體感。（右下）以溫柔的粉紅色&大顆圓點，完成女人味的指尖。

Check 格紋

休閒可愛的格子圖案──推薦必學！
略帶輕鬆氛圍的美甲，讓時尚度更加分。

將鏡面指甲
加上毛呢花樣的
流行美甲。

性感的粉紅×黑色
蘇格蘭格紋，
並以透明的指甲根部表現透空感。

Item

A／底層凝膠、B·D·E／彩膠（粉紅色·亮粉紅·黑色）、C／鏡面粉（極光）、F／上層凝膠、G／珍珠

Item

A／底層凝膠、B至E／彩膠（黑色·粉紅色·亮粉紅·金色）、F／貼紙（蕾絲）、G／上層凝膠、H／金屬貼片

1 先塗刷A＆照光硬化，再塗刷B＆照光硬化，並鋪放上C鏡面粉。

2 以D·E彩膠畫出毛呢花樣後，照光硬化。

3 以E黑色彩膠在指甲根部畫法式，再照光硬化。

4 塗刷少量F＆放上G後照光硬化，再塗刷F完成作品。

1 塗刷A＆照光硬化後，混合A·B塗刷一次＆塗刷C，再以D畫上格子花樣的底色。

2 以B黑色彩膠＆E金色彩膠畫上格子花樣，再照光硬化。

3 在顏色交界處貼上F蕾絲貼紙。

4 塗刷少量G＆平均地放上H，照光硬化。再塗上G完成作品。

Other designs

（左上）以多彩的蘇格蘭紋襯出大大的粉紅愛心。（左下）將裸色系的毛呢格子裝飾上珠寶珍珠。
（右上）以毛呢格子&天鵝絨法式表現出溫暖的氛圍。（右下）以深藍×紅色蘇格蘭紋的變形法式傳遞出個性魅力。

（左上）加入單指霧面感的蘇格蘭紋，降低整體的休閒感。（左下）駝色×黑白色調的格子優雅迷人。
（右上）白色的柔軟毛呢格子讓女子力UP！（右下）鏡面指甲×成熟色系的毛呢格子，大大提升了時尚感！

（左上）蠟筆色調的毛呢格子加上金色線條貼紙加強俐落感。（左下）暗藏格子花紋的
大片花朵時髦指彩！（右上）藍色調的蘇格蘭紋任何場合都百搭！（右下）毛毯風設計
的中指予人溫暖的氛圍♡

Animal

動物系

稍微花些工夫，就能作出看來仿真感的動物紋。
重要的時刻，就以能稍微凸顯指尖的彩繪來決勝負吧！

坐在法式線上，
若無其事的貓咪剪影
超超級可愛♡

性感的紅色&
豹紋花樣，
是成熟女性的必備美甲！

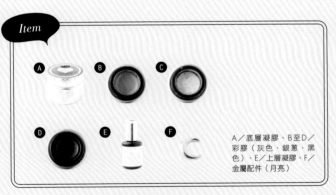

Item

A／底層凝膠，B至D／
彩膠（灰色・銀蔥・黑
色），E／上層凝膠，F／
金屬配件（月亮）

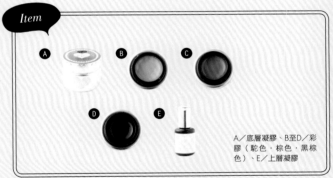

Item

A／底層凝膠，B至D／彩
膠（駝色・棕色・黑棕
色），E／上層凝膠

1 先塗刷A＆照光硬化，再塗刷2次B灰色彩膠。

2 以C銀蔥彩膠塗滿指尖的2／3面積後，照光硬化。

1 先塗刷A＆照光硬化，再塗刷2次B駝色彩膠。

2 隨意地點上C棕色彩膠，稍微拍打暈開後照光硬化。

3 以D黑色彩膠在顏色交界處拉線，再畫上貓咪＆照光硬化。

4 塗刷少量E＆放上F後，照光硬化。再塗刷E完成作品。

3 以D黑棕色彩膠圍繞步驟**2**的棕色區塊，畫出豹紋花樣後照光硬化。

1 以海綿筆刷隨意地點上D後照光硬化，再塗刷E完成作品。

Nail Salon Attract

（左上）隆起的肉球實在是太可愛了♡（左下）各種動作的貓咪剪影是不是很有趣呢！
（右上）容易過於強烈的動物花紋，就以珍珠&法式點綴裝飾，完美協調吧！
（右下）以COOL的藍色豹紋完成俐落的指尖。

one 18 eights

（左上）在玳瑁般的豹紋花樣上點綴金箔。（左下）自然風的豹紋花樣則以浮雕彩繪增添趣味。
（右上）透明貓咪法式的不經意感，效果絕佳！（右下）以配件作的貓咪指甲，是誘人心動的必學指彩！

パールブリエ

（左上）簡約奢華風的豹紋，以橘色增加色彩。（左下）療癒系的白色貓咪法式。
（右上）裸色系豹紋×緞帶！（右下）若隱若現的貓咪蒐集♡霧面效果真時尚！

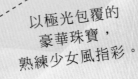
Nail Salon 蓮

Bijou 珠寶

閃爍的珠寶指甲設計，少女心大雀躍！
但若想作出成熟感，推薦重點使用即可。

以極光包覆的
豪華珠寶，
熟練少女風指彩。

輕柔的粉紅色系×
鏡面指甲
＝100％女性魅力♡

Item

A／底層凝膠、B・C／彩
膠（金蔥・銀蔥）、D／
Non Wipe上層凝膠、E
／硬式膠、F／配件類

Item

A／底層凝膠、B／彩膠
（粉紅色）、C／鏡面
粉（銀色）、D／Non
Wipe上層凝膠、E／硬式
膠、F／配件類、G／金
珠

1 先塗刷A＆照光硬化，再塗刷1次B。

2 重疊塗上C銀蔥彩膠後，照光硬化。

1 先塗刷A＆照光硬化，再塗刷1次B。

2 將C鏡面粉鋪滿甲面，再塗刷D＆照光硬化。

3 將D薄薄塗滿甲面＆照光硬化，再塗刷E＆平均地排滿F配件。

4 以D填滿配件之間的空隙，完成作品。

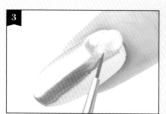

3 在指甲根部塗刷E硬式膠，並均衡地放上F・G配件。

1 以D填滿配件之間的空隙，完成作品。

Other designs

（左上）以立體珍珠將簡單的指甲點綴出重點。（左下）V型水鑽×簡約的格子，依然閃耀動人！
（右上）以水鑽排列出髑髏花樣的強烈風格指彩。（右下）將深粉紅撒上亮蔥&水鑽，呈現出奢華的印象。

UK nail. salon&school

（左上）如玩具般的配件珠寶與白色超速配！（左下）明亮色系的毛呢格子×透紅色的立體配件，豪華感十足！
（右上）單色系×許多的水鑽，也能完成搶眼的珠寶指彩！（右下）在沉穩的芥末黃甲面上，排列水鑽吧！

Nail Relax Laguna

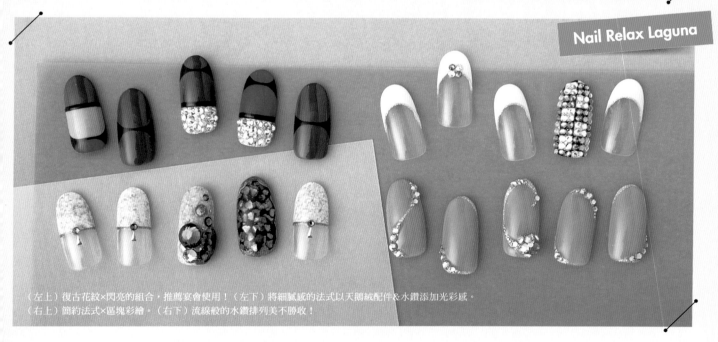

（左上）復古花紋×閃亮的組合，推薦宴會使用！（左下）將細膩感的法式以天鵝絨配件&水鑽添加光彩感。
（右上）簡約法式×區塊彩繪。（右下）流線般的水鑽排列美不勝收！

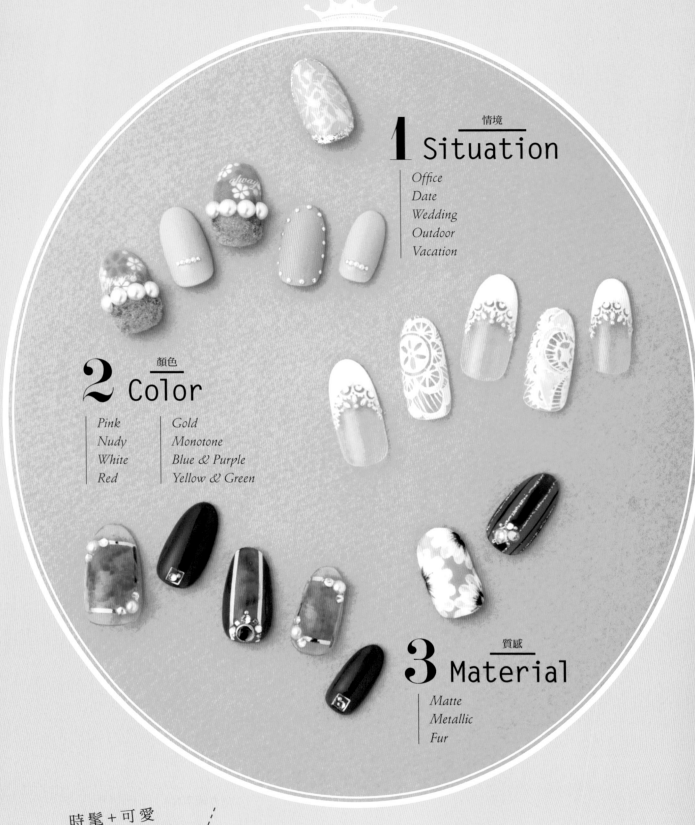

1 Situation 情境

Office
Date
Wedding
Outdoor
Vacation

2 Color 顏色

Pink	Gold
Nudy	Monotone
White	Blue & Purple
Red	Yellow & Green

3 Material 質感

Matte
Metallic
Fur

時髦＋可愛
＝人氣NO.1♥

TREND GEL NAIL COLLECTION

本單元特蒐多款掌握流行趨勢的美甲沙龍指彩設計，並依情境・色彩・質感進行主題介紹！

Situation
情境

掌握指尖時尚的TPO也很重要唷！
本單元將為你介紹
搭配各種場景的美甲設計。

以沉穩的色調作出毛絨感的設計，
即使身處辦公室也能兼顧流行趨勢。

How to nail up

1 底層凝膠硬化後，以白色畫上圓弧法式＆照光硬化。

2 在法式部分薄薄地塗上透明膠＆貼上毛絨，再照光硬化。

3 在法式之外處塗刷上層凝膠，再放上珍珠完成作品。

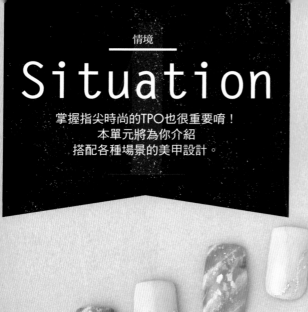

以銀蔥線收斂奢華感的玳瑁設計。

How to nail up

1 底層凝膠硬化後，塗上橘色＆以棕色畫出玳瑁花樣。

2 以白色隨意地畫上線條，量開後照光硬化。

3 在指甲中央擺放凝膠＆貝殼碎片，再塗刷上層凝膠完成作品。

以清爽整潔感的花朵，
營造出成熟又可愛的氛圍。
也很適合下班後的約會唷♡

容易顯得過於華麗的豹紋，
只要以方框圍繞出區塊感，上班也OK！

將高雅的軟呢花樣作成法式指甲，
完成的霧面效果非常有時尚感。

How to nail up

1 待底層凝膠硬化後，將甲面塗滿象牙色凝膠後照光硬化。

2 塗刷透明膠但暫不硬化，以粉紅色＆棕色作出縱向漸變的色彩。

3 在甲面的右下角擺放珍珠＆蛋白珠，再塗刷上層凝膠完成作品。

代表辦公室之花的輕柔指彩設計♡
隨意地點綴上珍珠吧！

Office

令人意外的是——指甲反而是工作場合中
時常不經意地受人注目的小細節。
以簡單的色調為主角，作出氣質高雅的指尖，
是成熟女性的小小心機♡

以透明×花朵的法式營造出溫柔風格，
強調出低調的可愛。

How to nail up

1
待底層凝膠硬化後，以
銀蔥拉法式指甲線，再
照光硬化。

2
以白色在法式指甲處，
畫上花朵＆輪廓線條，
再照光硬化。

3
在法式指甲線上排列水
鑽，再塗刷上層凝膠完
成作品。

將重疊圓形的變形法式，
點綴上大顆珍珠。

以纖細的金蔥線法式，
作出乾淨俐落的風格。
內斂的水鑽裝飾在甲面閃爍生輝。

以粉紅×灰棕色的和緩曲線，
醞釀出女人味。

How to nail up

1
待底層凝膠硬化後，斜
塗灰棕色＆照光硬化。

2
在步驟1的上方，以粉
紅色＆棕色畫出協調的
曲線，再照光硬化。

3
拉金蔥線條＆放上水鑽
後，塗刷上層凝膠完成
作品。

以如蕾絲般纖細的玫瑰彩繪，
完成高雅的指尖。

How to nail up

1
塗刷底層凝膠＆照光硬
化後，甲面塗滿粉紅色
＆駝色，再照光硬化。

2
以細線筆沾取白色，自
中心處以細線描畫玫瑰
花。

3
以白色圍繞輪廓線＆放
上水鑽，再塗刷上層凝
膠完成作品。

在柔和搭配的粉紅色＆駝色甲面上，
灑落水鑽的光芒。

36

Date

【約會】

和最愛的他約會,就以出眾的指甲決勝負♡
以提升女子力的設計,吸引他的目光。

以帶有暖意的混合毛皮為主題,
艷麗的指尖更有魅力!

How to nail up

1	2	3
待底層凝膠硬化後,隨意地縱向塗刷水藍色&紫色。	再塗上紅色・白色・綠色・金色,稍微互相暈染後照光硬化。	將指甲整體塗上珍珠金,再塗刷上層凝膠完成作品。

大人氣的豹紋花樣,
搭配上珊瑚粉紅,
帥氣又可愛♡

How to nail up

1	2	3
待底層凝膠硬化後,塗上金蔥凝膠,再照光硬化。	塗刷駝色後,以棕色隨意地畫出豹紋花樣。	以黑棕色畫出花豹紋後,塗刷上層凝膠&照光硬化。

煙燻色調×金色,
自然呈現成熟氛圍。

砂糖般的璀璨指甲×
珍珠裝飾的搭配,
天下無敵!

以多彩的軟呢花樣滿足童心,
再在指尖添加鏡面裝飾,加入流行元素。

火辣的粉紅色×毛衣花紋指彩,
一定會受到男士稱讚!

How to nail up

1	2	3
待底層凝膠硬化後,塗上亮粉紅&照光硬化。	以亮粉紅畫出毛衣花樣&點上圓珠。	塗刷霧面上層凝膠,並確實地拭除未硬化凝膠。

Wedding

【婚禮】

令女孩一心響往的婚禮♡
以搭配禮服的純白色系，
營造出高雅的氛圍。

以蕾絲風的花朵&法式，
完成純白正統的新娘美甲！

大片的花朵彩繪，不僅適合搭配洋裝，
和服也OK♡

How to nail up

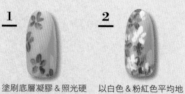

1 塗刷底層凝膠&照光硬化後，塗刷粉駝色，並以亮粉紅畫出花瓣。

2 以白色&粉紅色平均地補上花瓣。

3 以金蔥描畫花瓣中心，再塗刷上層凝膠完成作品。

點綴上飾品般的彩繪，
變身成人人欣羨的公主！

以高雅的花朵&珍珠，
妝點嬌美的新娘♡

How to nail up

1 待底層凝膠硬化後，以法式筆沾取白色畫上花瓣。

2 依步驟1相同作法，以白色重疊畫花瓣。重點在於畫出立體感的輪廓。

3 將花瓣輪廓加上線條&點綴上珍珠，再塗刷上層凝膠完成作品。

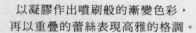

以凝膠作出噴刷般的漸變色彩，
再以重疊的蕾絲表現高雅的格調。

How to nail up

1 待底層凝膠硬化後，以法式筆沾取白色拉線。

2 依步驟1相同作法，畫出自然的漸變色。

3 畫上蕾絲花樣&以銀色彩膠拉線，再塗刷上層凝膠完成作品。

重疊凝膠，
作出隆起的蕾絲花樣。
閃亮的光輝就交由小水鑽表現吧！

{ Outdoor }

【戶外】

在晴空下，令人想盡情跑跳的戶外——
最推薦色彩多樣的設計！
準備為指尖注入朝氣吧！

以流行的極光系列＆
溫暖的天鵝絨，
作出冬天的戶外指彩！

以溫暖質感的毛毯花樣為主。
推薦給山系女孩！

How to nail up

1 待底層凝膠硬化後，隨意地塗上兩色粉紅色，暈開後照光硬化。

2 在指甲中心處疊放大小不一的透明亮片＆金箔。

3 以黑色畫縱向線條＆照光硬化，再塗刷上層凝膠完成作品。

How to nail up

1 待底層凝膠硬化後，塗刷駝色＆以粉紅色拉出擦畫線條。

2 以金色拉線＆照光硬化，再塗上混合膠＆撒上棕色的天鵝絨，照光硬化。

3 以透明膠補滿凹凸處＆加上彩繪，再塗刷霧面上層凝膠完成作品。

以沉穩的配色搭配
霧面＆鏡面質感，
充分發揮玩心。

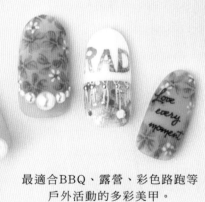

最適合BBQ、露營、彩色路跑等
戶外活動的多彩美甲。

混合圓形、三角形、四方形的幾何花樣，
營造出休閒風。

將提洛爾刺繡飾帶的花樣畫在指甲上，
作出波希米亞風♪

How to nail up

1 塗刷白色凝膠後照光硬化，再以上層凝膠畫出花朵＆葉片，照光硬化。

2 以紅色畫花瓣，綠色畫葉子。小技巧——請預留間隔進行繪製。

3 分別將步驟2的花瓣＆葉片空隙填滿，並畫上花芯、花梗、輪廓的花樣。

Vacation
【假期】

為了迎接等待許久的假期，
就比平時再稍微華麗一些吧！
請依度假地點選擇適合的設計。

畫上英國國旗強調印象！
絲絨感的食指讓質感更加分！

以鮮豔的熱帶花朵為主視覺，
以POP色彩作出成熟感的渡假聖地風美甲。

令人想起眷戀的熾熱陽光。以多彩的南國風，
作出度假聖地主題的美甲設計。

How to nail up

1 待底層凝膠硬化後，塗刷白色，再將各顏色分散塗上＆照光硬化。

2 以白色畫花瓣＆照光硬化。重點在於薄薄地擦畫圖案。

3 以白色畫花芯＆輪廓線後，照光硬化。再塗刷上層凝膠完成作品。

以蠟筆色系統一的
夢幻海洋系指彩。
配件也要可愛唷！

How to nail up

1 塗刷底層凝膠＆照光硬化後，以白色＆藍色系彩膠作出漸變色。

2 將步驟1薄塗一層透明白，再塗上透明膠後作花樣。

3 以白色畫波浪，放上亮片＆水鑽，再塗刷上層凝膠完成作品。

如置身海洋中般的指彩。
和橫條紋也很搭呢♡

How to nail up

1 塗刷底層凝膠＆照光硬化後，以白色＆藍色系彩膠作出漸變色。

2 以白色圍繞指甲輪廓，照光硬化。

3 將三色凝膠片依漸變色彩擺放，再在指甲根部貼上配件。

南國色彩鮮明的美麗落日！
並以白色的大理石紋作出自然感。

Color

色彩

Color

如果不知道如何決定設計，
就先從喜歡的顏色切入挑選吧！
裝扮上最喜歡的顏色，
心情應該也會雀躍無比♡

以如畫般的嬌柔玫瑰吸
引他人目光。也很推薦
婚禮場合唷！

以極光粉紅點綴亮點，
再以大顆水鑽強調出光
芒感。

即便畫上異國風的佩斯
利花紋，以粉紅色作為
底色就能營造出甜美的
氛圍。

粉紅色

Pink

女孩專屬的甜美色彩——粉紅。
由於極襯膚色，
也有讓指尖看來更加美麗的效果！

除了讓指尖看來更加美麗的粉紅色，
也加上洋溢獨創性的配件吧！

How to nail up

1 塗刷底層凝膠＆照光硬化後，將甲面塗滿粉紅色後照光硬化。

2 整體塗刷混入貝殼碎粉的凝膠後，照光硬化。

3 放上扭轉造型的鐵絲，並在中心處擺放天然石。

以六種濃淡不同的粉紅色作出幾何花樣。
金屬蝴蝶結也讓可愛度倍增！

How to nail up

1 先塗刷透明白＆照光硬化，再以白色畫上幾何花樣。

2 分別塗上濃淡不同的粉紅色＆照光硬化。塗色時注意不要溢出喔！

3 以金蔥拉出分界線後照光硬化，再塗刷上層凝膠完成作品。

亮粉紅的方塊設計，
以黑色收斂出帥氣感。

低調雙色的圖騰設計，
以霧面質感作出舒適氛圍。

雙色的花朵有著絕妙的平衡感！
並撒上閃爍的亮片。

充滿高級感的軟呢，以粉紅色呈現就變得可愛了！
加上金色則更添奢華。

Nudy

任何世代皆百搭的萬能裸色。
以簡單的法式&高雅的彩繪，
完成人見人愛的指彩設計。

立體感的玫瑰彩繪真迷人！
駝色×粉紅色是大人風的可愛主張。

以輕柔浮現的花瓣花樣，
帶出嬌媚的指尖風情。

僅在無名指裝飾水鑽，作成珠寶風，
追求極致的簡單美！

將極襯膚色的漸變色，
裝飾上流動感的閃爍水鑽。

反法式般的花瓣設計非常新穎！作成對稱花樣即完成。

柔和的孔雀紋彩繪。也適合加上簡單款式的點綴。

帥氣花樣只要使用裸色就能變得高雅。以金色線條畫出隱約的光芒。

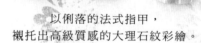

以俐落的法式指甲，
襯托出高級質感的大理石紋彩繪。

How to nail up

__1__ 待底層凝膠硬化後，指甲整體再塗刷2次駝色&照光硬化。

__2__ 以白色畫法式線條，再以白色&棕色畫出大理石花紋。

__3__ 以細線筆沾取白色畫上彩繪&照光硬化，再塗刷上層凝膠完成作品。

活用裸色，為花朵彩繪增添高質感。
花朵部分為霧面效果。

How to nail up

__1__ 待底層凝膠硬化後，指甲整體再塗2次駝色&照光硬化。

__2__ 指尖以白色薄薄地畫上花瓣基底，再照光硬化。

__3__ 以白色凝膠描繪花朵輪廓&照光硬化。並僅將花朵部分作成霧面質感。

白色
White

看似楚楚可憐的白色，
卻最適合成熟款式的彩繪。
帶有透空感的透明白色，人氣正急遽上升！

小片花瓣重疊的瑪格莉
特，僅畫上部分花形的
設計讓成熟感UP！

活用清爽的藍色，畫上
透明感的花朵，實現絕
妙的層次感。

以白色為基底色調，再
加上棕色，作出整潔感
的大人風直條紋。

How to nail up

1

塗刷底層凝膠＆照光硬
化後，將指甲整體以白
色凝膠塗色2次，照光
硬化。

2

將指甲整體塗刷霧面指
甲油，並拭除未硬化凝
膠。

3

以固態的白色凝膠畫上
立體感的浮雕彩繪。

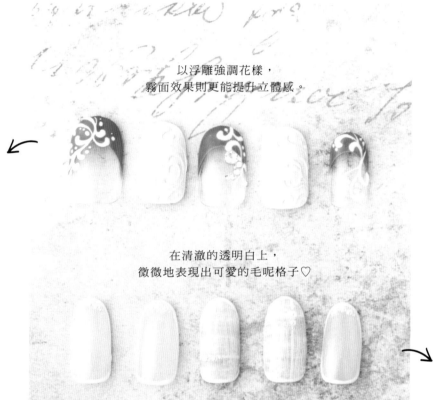

以浮雕強調花樣，
霧面效果則更能提升立體感。

在清澈的透明白上，
微微地表現出可愛的毛呢格子♡

How to nail up

1

塗刷透明白色，並以粉
紅色、紫色、灰色畫出
大理石花紋後，照光硬
化。

2

以細線筆沾取白色，畫
上細毛呢格子＆照光硬
化。

3

以白色拉線＆放上珍
珠，再塗刷上層凝膠完
成作品。

細緻透空感的花瓣性感迷人，
並以裝飾硬幣的設計融入時髦特色。

以鏡面粉使光輝更為閃耀，
並以單一顏色整合統一感。

以霧面・亮蔥・透明的質感，
將白色的單一色調表現出個性。

以黑色的大理石紋表現銳利感＆
在白色的甲面上塗抹彩繪增添效果。

Red

仕女的指尖是予人整潔印象的紅色。
部分使用紅色是時髦的秘訣！

大朵的金色緞帶耀眼無比！

奢華的紅色，就以簡單的珠寶來妝點。

以鏤空感的直線作出優雅風格，些許的珠寶配件則是勝負關鍵！

How to nail up

1

待底層凝膠硬化後，塗上粉駝色凝膠。

2

指甲整體畫上豹紋花樣，再以紅色畫法式指甲後照光硬化。

3

加上線條＆配件，再塗刷上層凝膠完成作品。

酒紅色搭配玳瑁，
引領正夯的流行趨勢！

以具有深度的透明紅色法式混搭豹紋花樣，
就是帥氣！

How to nail up

1

待底層凝膠硬化後，以棕色縱向畫上玳瑁花紋，再照光硬化。

2

兩側塗紅色，再以金色線條貼紙貼出分界線。

3

在指甲根部擺放石頭＆配件，再塗刷上層凝膠完成作品。

重疊上大理石紋，作出深淺效果。
再點綴上簡單的石頭就更加別緻了！

以強弱層次的配色，
將可愛的菱形紋變身成模範生風格。

以輕柔又毛絨絨的毛海表現溫暖感。
真想立刻來場冬季的約會♡

以金箔表現細膩質感，
並改變顏色來體會各種紅色的樂趣。

Gold

以沈穩的光輝吸引視線的「金色」。
加入亮蔥・金屬質感・配件……
運用方法由你決定！

撒上金箔＆白色作出有個性的花樣，
使金色清楚地映在單色調的底色上。

以古典風配件作為點綴，
風格強烈的設計
絕對是視線焦點！

以鋪滿幾何圖形的金屬箔片營造出時尚感＆高雅的光輝。

立體感的玫瑰閃耀著金色的光澤，為優雅風格增添趣味。

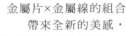 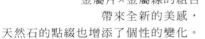  

金屬片×金屬線的組合
帶來全新的美感，
天然石的點綴也增添了個性的變化。

珠子×金屬貼片，混搭不同素材，快速即可完成時髦的設計。

以各式各樣的金色質感作出區塊，享受純粹的奢華之美。

Monotone

詮釋古典風的「單色調」，
最適合想要彰顯成熟定位的場合。
萬用的黑色，是收斂整體感的最佳點綴。

深藍×鏡面的單色系美甲，
筆刷彩繪是精彩的亮點設計！

以簡單的細法式營造沉著感，
並以花朵加上細緻度。

容易感到厚重的黑色，只要活用透空感，也能作出輕盈的時尚。

將奢華的紅色漸變貼上單色系水鑽，展現女孩帥氣的一面。

挑選數片甲面作成霧面質感，
更顯時尚！
羽毛飾品也是聚焦的亮點。

纖細的花朵彩繪顏色雖少，卻有超群的存在感！

將圈圈＆三角形點綴上閃爍的金屬箔片，簡約中帶有力量。

藍色&紫色

Blue&Purple

若想與他人作出區別,
推薦別緻的「藍色&紫色」組合。
最適合奢華風格的彩繪了!

甜美的粉蠟筆色葉片×珍珠,
美麗的玻璃紗完成!

以清爽的藍色小花&
透明膠作出透空感,
再以珠寶妝點可愛氛圍。

成熟風的絞染花紋是優
雅的指尖藝術。

在透明藍&紫色大理石
紋上,以鐵絲&天然石
增加鮮豔度。

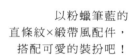

以粉蠟筆藍的
直條紋×緞帶風配件,
搭配可愛的裝扮吧!

流線般隨意的線條搭配
上玫瑰花朵,奢華又時
尚!

在大理石紋的基底上,
增添以凝膠製作的青金
石風石子。

黃色&綠色

Yellow&Green

令人帶來充沛精神的「黃色&綠色」。
以彩繪表現個性,
就是彰顯品味的訣竅!

以大朵花瓣&曲線,
完成鮮豔的復古風彩繪。

作出美麗光澤感的鏡面彩繪後,
簡單地鑲上配件,
就是獨一無二的原創計計!

特別選擇了在奶油黃上
更加突顯的綠色,不整
齊的彩繪也非常有趣!

以非常適合淺黃色的灰
色,畫出沉穩感的北歐
風設計。

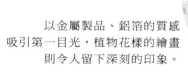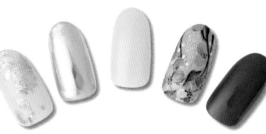

以金屬製品、鋁箔的質感
吸引第一目光,植物花樣的繪畫
則令人留下深刻的印象。

深系卡其色正流行!加
上細緻的花朵彩繪,就
完成了奢華&帶有女性
魅力的指彩。

將留有透明感的縱向線
條彩繪作成磨砂玻璃般
的質感。

Material

以享受素材樂趣的Material設計，
站在流行的尖端。
加上點綴，強調出存在感吧！

為霧面的甲面添上帶光澤的豹紋，
完成強弱層次感的設計。

在色彩生動的花朵上，
灑落水滴感般的立體凝膠。

How to nail up

柔和的花朵彩繪是霧面效果，
法式指甲則表現光澤感。

1	2	3
以粉紅色系作漸變色彩，並以黃色描畫輪廓。	指甲整體塗刷霧面上層凝膠＆照光硬化，並拭除未硬化凝膠。	以固體透明膠（延甲膠）製作水滴，再照光硬化。

僅管可愛的花朵彩繪與
霧面效果非常搭配，
仍建議保留些許光澤感唷！

金屬系 Metallic

閃亮感令人上癮的金屬系，
適合稍微陽剛的彩繪。
試著在指尖大膽地挑戰吧！

POP彩繪×金屬系意外地適合！
加上黑色點綴，
完成辛辣風格。

襯托出強度的彩繪＆金屬感，
帥氣大人的指彩完成！

How to nail up

大理石紋重疊透明黑後暈開，
作出與金屬系區別的層次分明感。

鏡面粉×箔片×膠帶，
一口氣集合了各式各樣的金屬系素材！

1	2	3
先塗刷駝色凝膠＆照光硬化，再轉印貼上銀色的金屬貼紙。	塗刷透明膠，再以黑色凝膠塗上斑點。	轉印上金屬貼紙＆放上水鑽，再塗刷上層凝膠完成作品。

霧面 Matte

以磨砂玻璃般的質感，
增加休閒感的霧面效果，
是各種設計都適合的萬能元素。

霧面花朵×銀色降低了甜美，
卻得到絕妙的可愛度！

How to nail up

1	2	3
先塗刷底層凝膠＆照光硬化，再塗2次灰棕色後照光硬化。	以細線筆沾取黑色，描繪花朵輪廓＆花芯後，照光硬化。	塗滿花朵外側＆加上文字，再塗刷霧面上層凝膠完成作品。

令人意識到潮流的「和風」！
以霧面作出如摺紙般的趣味指甲。

彷若碎岩般的剛硬設計，
霧面＆亮光的平衡拿捏稍具技巧。

以收斂色調表現出酷帥感，
霧面配件是獨特個性的重要點綴。

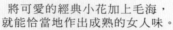

將可愛的經典小花加上毛海，
就能恰當地作出成熟的女人味。

毛海 Fur

可以提高可愛度的毛海，
推薦寒冷季節使用。以毛絨絨的質感，
成為讓人想悉心呵護的萌系女孩♡

How to nail up

1	2	3
先塗刷透明灰凝膠＆照光硬化，再在指尖1/3處畫上小花＆點點。	在指尖1/3處淺塗一層透明膠，放上毛海素材後照光硬化。	在分界線上擺放珍珠，再將指尖1/3處塗刷霧面指甲油完成作品。

仿真的豹紋花樣，
以亮藍色的毛海素材柔和氛圍。

波西米風或時尚潮流
都百搭的毛海。

在可愛的極光色彩上創作小鹿花紋，
這是毛海素材特有的彩繪效果唷♡

人氣光療品牌の推薦工具&最新指彩大公開！

GEL BRAND COLLECTION

從定番商品到新商品，除了精選日系廠商的人氣美甲道具大公開，還有美甲師實際應用的彩繪設計喔！

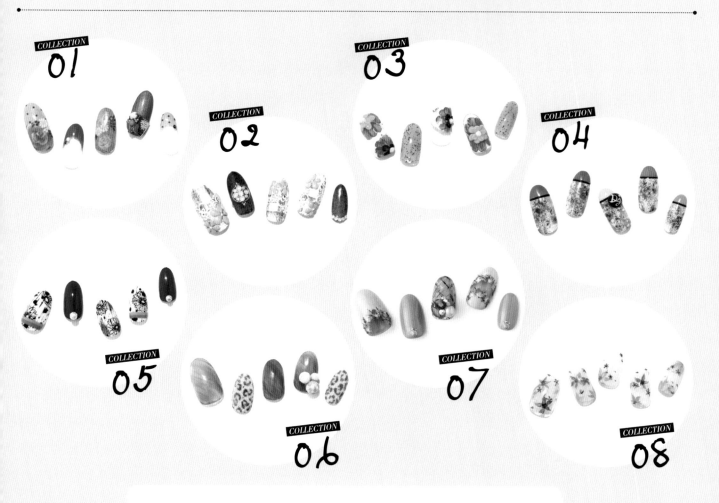

COLLECTION 01
COLLECTION 02
COLLECTION 03
COLLECTION 04
COLLECTION 05
COLLECTION 06
COLLECTION 07
COLLECTION 08

P.50 ▶▶▶ Bio Sculpture Gel （タカラベルモント株式會社）

P.52 ▶▶▶ Raygel （株式會社ビューティガレージ）

P.54 ▶▶▶ Jewelryjel （株式會社マーズデザイン）

P.56 ▶▶▶ DECORA GIRL （クレアモード株式會社）

P.58 ▶▶▶ Presto （株式會社ネイルラボ）

P.60 ▶▶▶ T-GEL COLLECTION （nail shop TAT）

P.62 ▶▶▶ LEAFGEL PREMIUM （株式會社チーム・チャンネル）

P.64 ▶▶▶ Palms Graceful （有限會社エヌイーエス）

溫和不傷害指甲・能夠作出自然感的光療＆備受注目的工具

バイオスカルプチュアジェル

Bio Sculpture Gel

以為柔軟性高、色澤持久的彩膠大受好評，使用在柔軟性的透明底層凝膠上，格外地安心舒適！

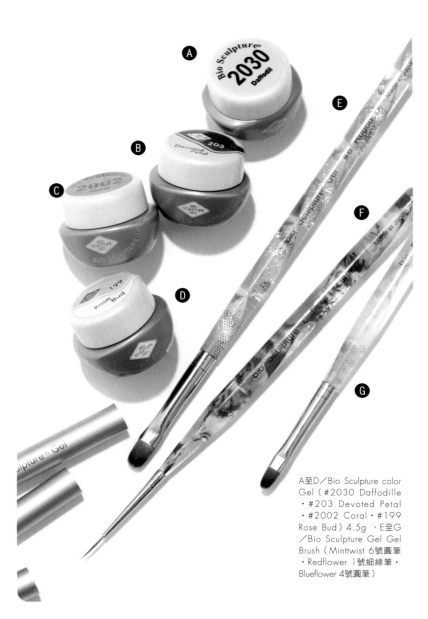

A至D／Bio Sculpture color Gel（#2030 Daffodille・#203 Devoted Petal・#2002 Coral・#199 Rose Bud）4.5g 、E至G／Bio Sculpture Gel Gel Brush（Minttwist 6號圓筆・Redflower 1號細線筆・Blueflower 4號圓筆）

Preparation   準備工作

1 洗淨手指，以Black Beauty File拋光磨棒（220G）修整真甲形狀。

2 以Cuticle Remover 指緣軟化劑軟化甘皮，鋼推往上推整甘皮後，以水清洗指緣軟化劑。

3 以Cutie Stone（220G）死皮磨石，沿指甲周圍1至2mm輕輕打磨。

4 以2WAY BUFFER拋光海綿（180G）將指尖拋光。

5 以紙張沾附指甲清潔液，拭除粉塵、油分、水分。

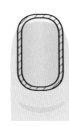

打磨 Point

不要削磨整片甲面，而是輕輕打磨真甲周圍1至2mm，建議使用死皮磨石即可。

Application   應用

底層凝膠

1 甲面平均塗刷透明底膠，指尖也要仔細塗上。

2 以Bio Sculpture Gel 的UV燈照光（2分鐘），或以LED燈（30秒）硬化。

彩膠

1 甲面平均塗刷彩膠，指尖也要仔細塗上。

2 以Bio Sculpture Gel 的UV燈照光（2分鐘），或以LED燈（30秒）硬化。並依需要重複步驟1至2。

上層凝膠

1 甲面平均塗刷上層凝膠，指尖也要仔細塗上。

2 以Bio Sculpture Gel 的UV燈或LED燈照光硬化。（對應光源・硬化時間，依凝膠種類不同各有差異）

完成！

1 以Wonder Wipe Roll擦拭卷沾附Bio Sculpture Gel去光水，拭除未硬化凝膠。

GEL DATA

凝膠種類 軟式（Soak-Off）

硬化時間 【UV】Clear Gel・Sculpting Gel・Color Gel・S Gel…2分鐘、Sealer Gel…1分鐘、UV Top Gel・Gross top Gel…30秒

【LED】Clear Gel・Color Gel（LED 對應色）・Sealer Gel・Gross top Gel…30秒

對應光源 UV・LED

檢定對應 JNA初級至高級

塗膠的順序

取適量凝膠，保持甲面與光療專用筆平行地進行塗刷，較不易形成色斑。而塗至甘皮周圍時，則建議將刷子立起來塗。

Variation #01

以法式指甲刷沾取透明凝膠，
作出漸變色彩的花朵。

1 先以A塗滿甲面＆照光硬化，再將整體塗上B・#199，照光硬化。

2 以C・Sealer Gel塗滿甲面，再以D×E・F×G分別畫上大理石紋，照光硬化。

3 以沾滿A的法式指甲刷前端沾取H・#1，畫上花瓣後照光硬化。

4 以C塗滿整體，再以細線筆沾取H・#1，畫上小朵花瓣後照光硬化。

5 以I・#124畫上圓點花朵，再以I・#19畫上葉子後照光硬化。

6 以K・#16畫果實＆以E・#2030畫花芯後，照光硬化。再塗上I，照光硬化完成作品。

Item ‥‥‥

A／Clear Gel、B／Bio Sculpting Gel（#199）、C／Sealer Gel、D至K／Bio Sculpting Gel（#2002・#2030・#2027・#149・#1・#124・#19・#16）、I／Gross top Gel

Nailist

タカラ・インターナショナル
ネイルカレッジ大阪校

志賀有加里
Instagram takara_nailcollege

Other Designs

只要以脫脂棉輕輕按壓，
就能呈現出軟呢的輕柔感。

各色塗刷一次重疊上色，
作出風格強烈的花樣設計。

Bio Sculpture Gel 講師證書取得方法

初級講習
・介紹產品知識＆基本的使用方法。　・結束時頒發證書。
講習收費　**10,000日元**

高級講習 I・II
・限定已完成初級講習者・
・介紹延甲＆彩繪的技巧。
・結束時頒發證書。
講習收費　**各12,000日元**

檢定測驗
・限定已完成高級講習者・判定已達高級講習課程內容的熟悉度。
・測驗合格者認定為認證美甲師。
講習收費　**12,000日元**

初級講師班・測驗
・限定檢定測驗合格者。
・介紹教授初級講習時的技巧。
・測驗合格者認定為「初級美甲講師」，可教授正規課程，發行證書。
・舉辦各種研習會。

講習收費　課程（2天）**20,000日元**／（1天）**15,000日元**

Information
初級・高級講習在有美甲講師駐校的場地舉行。タカラ・インターナショナル
ネイルカレッジ東京校／大阪校皆有舉辦各項講習・測驗。詳細內容請參照Bio
Sculpture Gel官方網站。
URL:http://www.biosculpture.jp/kousyu.html

※僅供參考。詳細資訊請上網查詢。

將對指甲的刺激降至最低&具有優秀的顯色效果

レイジェル

Raygel

聽取多位美甲師的意見開發而成，提供高品質・低價格的創新光療品牌。主推任何人皆能輕鬆愉快地享受美甲樂趣！

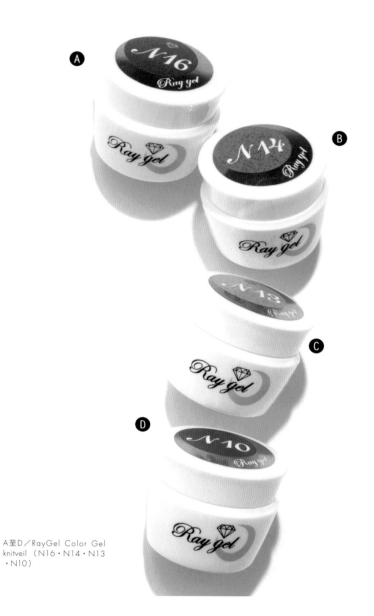

A至D／RayGel Color Gel
knitveil（N16・N14・N13
・N10）

Preparation   準備工作

1 以不鏽鋼鋼推將甘皮往上推。

2 以220G至180G左右的海綿磨棒打磨整體甲面。

3 以陶瓷甘皮推除甘皮附近留下的死皮。

4 擦拭粉塵。

5 以擦拭紙沾附凝膠清潔液，拭除甲面的油分&水分。

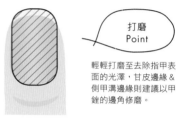

打磨
Point

輕輕打磨至去除指甲表
面的光澤，甘皮邊緣&
側甲溝邊緣則建議以甲
銼的邊角修磨。

Application   應用

底層凝膠

1 從指甲中心塗往指尖，再自指甲根部塗刷整體。

2 指甲前緣也仔細塗好後，照光硬化。

彩膠

1 先自甘皮周圍往指尖方向一口氣塗刷，再照光硬化。

2 仔細地塗擦指甲前緣。

3 自甘皮周圍到指尖方向，均勻塗刷&照光硬化。重複步驟
1至2，共塗刷2次。

上層凝膠

1 塗刷指甲整體&指甲前緣。

2 待凝膠自行整平，指甲表面均勻後照光硬化。

完成！

1 以脫脂棉沾附凝膠清潔液，擦拭未硬化的凝膠。

2 以指甲砂銼去除沾附於側甲溝的凝膠。

塗膠的順序

塗刷底層凝膠時，需將
打磨處完整填滿，刷具
&指甲保持平行地進行
塗膠。塗至指尖時，則
應將刷具立起。

GEL DATA

凝膠種類 軟式		對應光源 UV・LED
硬化時間【UV】…30秒（36W）		檢定對應 無
【LED】…10秒		

Variation #01

在如布料般的底層上，
添加膨起般的花朵&蕾絲。

1 先將指甲整體塗滿A＆照光硬化，再以B・M1塗刷甲面2次，照光硬化。

2 以C・N16拉直線。並以筆刷重壓表現出透明感，再照光硬化。

3 以C拉橫線。並以筆刷重壓表現出透明感，再照光硬化。而為了不要太強調色彩，僅上色一次。

4 整體塗滿D後，靜待甲面整平。再以E至G畫上花朵，塗色2至3次作出隆起感。

Item
. . . . .

A／底層凝膠、B／RayGel Color Gel（M1）、C／RayGel knitveil（N16）、D／Matte Top Gel、E至H／RayGel Color Gel icing（I6・I9・I10・I11）、I／上層凝膠

5 以H畫蕾絲。請先畫上薄細花樣，再經由反覆塗色＆照光硬化2至3次，作出隆起感。

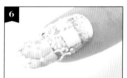
6 以拉線筆沾取I，描繪般地塗刷花朵＆蕾絲部分。再拭除未硬化凝膠，完成作品。

1 先以A塗刷指甲整面，再以B・M52作不規則法式。共塗刷2次後照光硬化。

2 以C・S120畫2次粗直線。

Variation #02

在以同色系統一的線條上，
點綴圖騰花樣&流蘇，
強化風格印象。

3 以D・G109、E・M74、F・I3畫直線。

4 以G畫上圖騰花樣。彩繪前，先以H塗滿甲面，整理表面＆拭除未硬化凝膠，顏色就不易滲入。

6 將整體薄薄地塗上一層H，但注意不要將流蘇全部埋入。拭除未硬化凝膠即完成。

5 以F・I3畫流蘇，約重複2至3次作出厚度。

Nailist

フリーネイリスト
Raygel エデュケーター

HIDEKAZU
Instagram _hidekazu_

Item
. . . . .

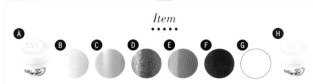

A／底層凝膠、B至E／RayGel Color Gel（M52・S120・G109・M74）、F至G／RayGel Color Gel icing（I3・I1）、H／上層凝膠

也悉心呵護真甲的安心商品

ジュエリージェル

Jewelryjel

過敏體質也適用，最令人高興的是僅塗一層就有良好色澤！

A／Jewelry Jel 3D Powder 25g 、B至E／Jewelry Jel Color Art White・檢定紅01・PJ102・PJ103 8g・3.5g 、F／Jewelry Jel pattern brush

Preparation   準備工作

1 手指消毒後，以指甲砂銼修整長度＆形狀。

2 塗上甘皮軟化劑，以不鏽鋼鋼推配合指甲的弧度，將死皮輕輕地往上推。

3 以海綿磨棒打磨真甲整面。

4 以黑色磨棒（240G）打磨甘皮附近・側甲溝・指甲前緣。

5 以指甲清潔刷掃除粉塵，再以卸甲棉沾附指甲平衡液＆凝膠清潔液，確實地擦拭指甲整體，並靜待乾燥。

打磨
Point

海綿磨棒＆黑色磨棒應分開使用。以海綿磨棒打磨時，請保持單一方向進行。

Application   應用

底層凝膠

1 取適量底層凝膠，從指尖到指甲根部分三段，整體均勻塗上。

2 指甲前緣也塗上底層凝膠後照光硬化。

彩膠

1 將指尖到指甲根部分成三段，取適量彩膠將整體均勻地塗滿。

2 自置高點往甘皮邊緣，依序塗上彩膠＆照光硬化。

上層凝膠

1 取適量Non Wipe Top Gel，以底層凝膠相同塗法，將指甲整面塗滿後照光硬化。

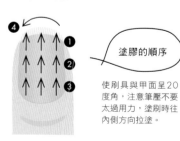

塗膠的順序

使刷具與甲面呈20度角，注意筆壓不要太過用力，塗刷時往內側方向拉塗。

GEL DATA

凝膠種類 軟式	對應光源 UV・LED
硬化時間【UV】…30秒（36W）	檢定對應 JNA初・中・高級
【LED】…10秒	
※此為彩膠的建議時間。	

Variation #01

以3D立體粉雕作出立體花朵，吸引眾人的目光！

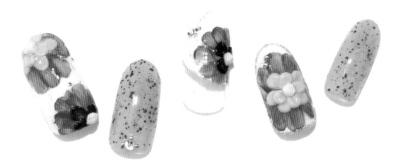

以A塗滿指甲正面後照光硬化，再以B塗刷2次＆照光硬化。

以橢圓筆刷沾取少量C，擦畫出花瓣後照光硬化。

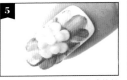

在步驟2的花瓣上，取B以相同作法重疊擦畫，再照光硬化。

將D・E的3D粉雕粉以1:1至1:3的比例混合，作出粉雕花朵。

將E・3D粉雕粉與F混合成乾粉狀態，作出花芯。

以G塗刷周圍後黏上水鑽，再以F塗刷指甲整體＆照光硬化。

Item
• • • • •

 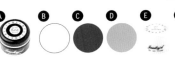

A／底層凝膠、B至D／Jewelry Jel Color（Art White・檢定紅01・NB101）、ED粉雕粉、F・G／（檢定黃01・GF108）、H／上層凝膠

先以A塗滿甲面＆照光硬化，再以B・C隨意地作出縱向漸變色後照光硬化，重複此步驟2次。

以筆刷隨意地塗上D・PA104後，照光硬化。

重疊塗上B・PJ102後，照光硬化。

再隨意地塗上D・PA104，照光硬化。

彩繪筆沾取E・Art white，畫出軟呢花紋，再以F・NE105同樣畫上花紋，照光硬化。

以G・GA718加上金蔥線條＆放上配件，再塗刷H・上層凝膠，照光硬化完成作品。

Variation #02

以彩繪筆簡單作出軟呢質感。

Item
• • • • •

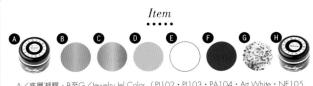

A／底層凝膠、B至G／Jewelry Jel Color（PJ102・PJ103・PA104・Art White・NE105・GA718）、H／上層凝膠

Nailist

Nail Salon Lian

久保香織
（ジュエリージェルエデュケーター）
Instagram kappe1203

為了使你的美甲生活更加閃耀

デコラガール

DECORA GIRL

經由色彩專家特別調和的色彩，持久度與其他產品完全不同！請依你的想法配合刷具彩繪，自由創作吧！

A至D／DECORA Color Gel
（#025 Primary yellow・
#026 Giotto blue D・#037
Tylan purple・#046 Gray
No.11）、E・F／DECORA
GIRL GEL Brush Flat・Long
Liner

Preparation 　　　準備工作

1 以指甲砂銼修整真甲長度，整理形狀。

2 以鋼推將甘皮往上推，並視狀況以甘皮剪修剪。

3 以海綿磨棒打磨整片甲面。

4 去除甘皮的死皮。

5 以清潔液擦拭，去除油分。

打磨
Point

將指甲整體薄薄地打磨一層，約至磨除指甲表面光澤的程度。

Application 　　　應用

底層凝膠

1 將底層凝膠塗放在指甲中央，先往指尖塗刷，再將整面塗滿。

2 為了讓凝膠厚度平均，靜待凝膠自行擴散整平後再硬化。

彩膠

1 輕輕塗放在指甲中央後再開始塗膠。並注意甘皮周圍不要沾到凝膠。

2 塗刷指甲前緣＆將整面塗滿後，照光硬化。

上層凝膠

1 將上層凝膠塗放在指甲中央，先往指尖塗刷，再將整面塗滿。

2 為了讓凝膠厚度平均，靜待凝膠自行擴散整平後再硬化。

完成！

1 視個人需要，以指甲砂銼進行整理，但請注意不要過度削銼。

2 以指緣油進行保濕。

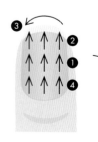

塗膠的順序

將凝膠放在指甲中心，先往指尖方向直線地薄薄塗上，再將指甲前緣＆甲面整體塗滿。

GEL DATA

凝膠種類 Soak-off Gel	對應光源　UV・LED
硬化時間【UV】…約1分鐘（36W）	檢定對應　無
【LED】…約20秒（30W・參考波長：365至405nm）	

Variation #01

活用脫脂棉,
將甲面作出獨一無二的花樣吧!

先將甲面塗滿底層凝膠&照光硬化,再塗上A．#101&照光硬化。

以B．#037作雙色法式後,照光硬化。

以C至E薄薄地畫上寬格子後,照光硬化。

以A．#101畫上小圓點&拉細線後,照光硬化。

以擦拭綿&脫脂棉沾取A至C,均勻拍打甲面後照光硬化。

以F．#103拉線,再將指甲整體塗刷上層凝膠,硬化後完成作品。

Item

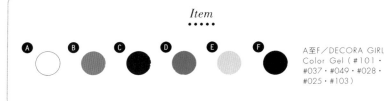

A至F／DECORA GIRL Color Gel（#101・#037・#049・#028・#025・#103）

先以底層凝膠塗刷整片甲面&照光硬化,再隨機地塗上A・#029、B・#036&照光硬化。

隨意地均勻塗上C・#026、D・#069、E・#091後,照光硬化。

Variation #02

在花樣上重疊拉線,
營造出遠近感的視覺效果。

以F・#101隨意地畫上圓形,並快速地將圓形外側抹開後照光硬化。

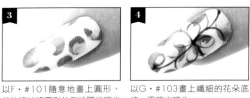
以G・#103畫上纖細的花朵底線,再照光硬化。

以G・#103自線條上清楚地描畫出區隔,再照光硬化。

塗上H・#057後,將指甲整體塗刷上層凝膠,硬化後完成作品。

Item

A至H／DECORA GIRL Color Gel（#029・#036・#026・#069・#091・#101・#103・#057）

Nailist

Leyla nailsalon & school

廣瀬仁美

Instagram leyla_nailsalon

光療指甲的前端品牌

プレスト

Presto

眾多美甲師也愛用！以高度技術著稱，從製造到販賣，擁有值得信賴和安全保證的優質服務。

A至C／Presto Color Gel
（#184・#185・#186）、
D・E／Presto Bambina
Original Color Gel（OR19
・OR20）

Preparation　　　　　準備工作

1　以酒精消毒手部＆指甲。
2　以指甲砂銼（150/180G）修整真甲的形狀＆長度。
3　以海綿磨棒（180/220G）打磨甲面整體。
4　以擦拭綿片沾附指甲清潔液，擦拭指甲的油分＆水分。

打磨
Point

指甲整體依角蛋白方向，
以磨棒縱向移動打磨，約
至去除指甲光澤左右的程
度即可。

Application　　　　　應用

底層凝膠
1　以Presto 透明膠塗刷指甲整體。
2　以LED燈照燈20秒硬化。

彩膠
1　以彩膠塗刷甲面整體。
2　以LED燈照燈20秒硬化。
3　重複步驟1至2。

上層凝膠
1　將甲面整體塗刷上層凝膠。
2　以LED燈照燈20秒硬化。

完成！
1　以擦拭綿沾附指甲清潔液，拭除未硬化凝膠。

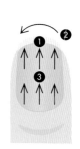

塗膠的順序

將凝膠塗放在指甲中心，
先朝指尖方向直線薄塗，
並塗擦指甲前緣。剩餘的
凝膠再從甘皮周圍往指尖
方向塗刷，待整體流動整
平後照光硬化。

GEL DATA

凝膠種類 軟式凝膠 Soak-off Gel	對應光源　UV・LED 檢定對應　JNA初・中・高級
硬化時間【UV】…120秒（36W） 　　　　　【LED】…20秒	

Variation #*01*

以成熟的色系描繪纖細的花樣，
就能協調整體的均衡感。

1 先以A塗刷指甲整面＆照光硬化，再塗刷B・#4＆照光硬化。

2 以筆刷縱向擦畫C・#185、D・#186，隨意描畫後照光硬化。

3 以E・AM02畫出花朵輪廓後，照光硬化。

4 以E・AM02在每片花瓣內分別畫上1至2條細線，並在中心處畫上圓點，再照光硬化。

Item
• • • • •

A／透明膠、B至D／Presto Color Gel（#4・#185・#186）、E／Presto Art Gel mini（AM02）、F／上層凝膠

 A **B** **C** **D** **E** **F**

5 一邊注意整體感，一邊以E・AM02任意畫上大小、形狀不一的圓點，再照光硬化。

6 以E任意地畫上細直線＆照光硬化，再塗刷F＆照光硬化，完成作品。

Nailist

Nail salon & school
AGLAIA

小野寺由佳

Instagram yuka.o_nail

Other Designs

以豹紋×霧面的搭配，
作出更上一層的大人風美甲。

重疊塗上細擦畫線條，
完成沉穩美的設計。

Presto 講師recluta取得方法（與JNEC3級・JNA光療檢定初級視為同級）

①L・E・D GEL Presto Step UP研修「Step I」

能夠確實學習Presto的基本知識＆技術（光療檢定初級至中級程度）的研修會。除了學習必有的基本知識和技術，也是想要成為Presto講師一開始必須要上的研修課程。

・初級講義一式非賣品（無法再次購買）、教材、證書發行費用。
　※若曾參加1日研修課程，報名優惠價12,960日元。

講習收費　25,920日元

②L・E・D GEL Presto 講師資格試驗recluta

可取得能開設Presto Step UP研修Step I課程的Presto講師資格的recluta測驗。

・需已上過Presto Step UP研修Step I課程。
・與【JNEC3級】和【JNA光療檢定初級】視為同級。
・18歲以上。　※測驗合格後，可接受recluta訓練研修課程。

講習收費　10,800日元

③L・E・D GEL Presto recluta訓練研修課程

為了加深開設Presto Step UP研修Step I課程所需的理解度，以產品・材料學・技術說明皆能順利完成為目標的訓練研修。合格者在參加Orientation說明後，認證為講師，發行證書。

　※recluta測驗合格者方可參加。
　※recluta訓練研修結束後，才得以參加Orientation說明，取得講師資格recluta。
　※為日本國內有效的資格證書，不可於海外進行講師活動。

講習收費　10,800日元

Information
詳細內容請至官網確認。
L・E・D GEL Presto recluta資格測驗
URL:http://www.naillabo.com/support/prestoedu.php

※僅供參考。詳細資訊請上網查詢。

豐富的色彩×絕妙的深淺

ティージェルコレクション

T-GEL COLLECTION

顯色・質感絕佳，就連操作性也很棒！盡情享受色彩搭配的樂趣吧！

©Disney

A至C／T-GELCOLLE
CTION Color Gel
（D30Milky Grege
・D32Mauve Plum・
D31 Grayish）、D至F
／T-GELCOLLECTION
Metal LIQUID（綠色・
粉紅・灰色）3g

Preparation　　準備工作

1 以鋼推將甘皮往上推，再以180G耐水洗磨棒打磨，整理甘皮周圍。

2 去除死皮，以指甲砂銼修整真甲長度，再以T-GEL用擦拭綿沾附清潔液進行擦拭。

3 以凝膠清潔液去除油分＆水分。

打磨
Point

以磨板連同甘皮周圍一起打磨整理，但注意不要打磨過度。

Application　　應用

底層凝膠

1 將底層凝膠塗放於指甲中心，往指甲前端塗刷。

2 以刷具前端，將側甲溝、甘皮邊緣以蓋章般的作法加上線條，並塗刷指甲前緣。

3 確實塗刷指甲前緣後，繼續從甘皮側延伸塗刷整個甲面，再照光硬化。

彩膠

1 取筆刷1/3量，從中心往前端塗刷。

2 筆刷稍微立起，將側甲溝、甘皮邊緣以蓋章般的作法加上線條，並塗刷指甲前緣。

3 確實塗刷指甲前緣後，繼續從甘皮側延伸塗刷整個甲面，再照光硬化。※基本為塗2次完成，但亦可依顏色調整上色次數。

上層凝膠

1 從指甲中心往前端塗刷。

2 將側甲溝、甘皮邊緣以蓋章般的作法加上線條，並塗刷指甲前緣。

3 確實塗刷指甲前緣後，繼續從甘皮側延伸塗刷整個甲面，再照光硬化。

GEL DATA

凝膠種類 **軟式**		對應光源　**UV・LED**	
硬化時間【UV】…1分鐘		檢定對應　**JNA檢定初級**	
【LED】…30秒			

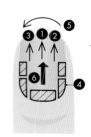

塗膠的順序

將凝膠塗放在指甲中心後往前端塗刷，再將側甲溝、甘皮邊緣以蓋章般的作法加上線條。待確實塗刷指甲前緣後，塗滿甲面整體＆照光硬化。

Variation #01

以STARDUST POWDER
作出毛皮感的成品

先以A塗滿指甲整體＆照光硬化，再塗上B＆照光硬化。

塗刷2次B・D011後，照光硬化。

以C塗滿整體，但暫不硬化，待撒上D・STARDUST POWDER clear S，再照光硬化。

以D・D038混合F・172，畫上豹紋花樣後照光硬化。

以C塗滿整體，但暫不硬化。再撒一次D・STARDUST POWDER clear S後，照光硬化。

最後在指尖塗刷C，照光硬化完成作品。

©Disney

A／底層凝膠
C／霧面上層凝膠

Item

B／T-GEL Color Gel（D011）、D／STARDUST POWDER clear S、E・F／T-GEL Color Gel（D038・D172）

先以A塗刷指甲整體＆照光硬化，再以B・D167塗繪葉子形狀，作法式指甲後照光硬化。

再塗一次B・D167，但暫不硬化，在上面隨意地斜塗D至E。

以筆刷將步驟2的顏色斜向拉畫。

以乾淨的筆刷處理超出法式指甲線的部分。

在法式線上排列金屬珠後，照光硬化。

以F・上層凝膠塗滿指甲整體後，照光硬化。

Variation #02

任意地塗上顏色，
再拉畫出羽毛般的彩繪。

©Disney

nadine NAILS

高野尚子
instagram　nadine_nails_

A／底層凝膠
F／上層凝膠

Item

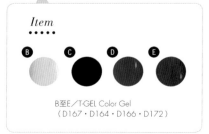

B至E／T-GEL Color Gel
（D167・D164・D166・D172）

高密著度・高耐久・高顯色

リーフジェルプレミアム

LEAFGEL PREMIUM

有著擴展延伸彩繪世界的優秀顯色，成品的色調也鮮豔動人！

A至D／LEAFGEL PREMIUM Color（#403 KARASHI、#609搖籃曲的天鵝絨、#126女神的指甲、#005象牙色）4g、E至F／LEAFGEL PREMIUM Extreme Clear+ 8g・25g

Preparation 準備工作

1 以指甲砂銼修整指甲形狀＆長度，再塗上甘皮軟化劑，以鋼推將甘皮往上推，去除死皮。

2 以甘皮剪修整甘皮，再以220G海綿磨棒打磨指甲表面。

3 以陶瓷甘皮推去除剩餘的死皮。

4 以指甲清潔刷掃除粉塵，再以指甲平衡液擦除水分＆油分。

打磨Point

甘皮周圍打磨後，指甲前端也作打磨（將甲面光澤去掉，呈霧面狀即可）。

※ 使用Sanding Free時不需要打磨。

Application 應用

底層凝膠

1 在指甲中央放上底層凝膠（Extreme Clear+或Sanding Free），自甲面一半處塗往指尖，指甲前緣也要仔細塗膠。

2 從甘皮邊緣往指甲整體延伸塗膠，再照光硬化。（使用Sanding Free時，指甲若有損傷或容易剝離的狀況，則塗刷2次再照光硬化）

彩膠

1 在指甲中央塗放彩膠，自甲面一半處塗往指尖，指甲前緣也要仔細塗膠。

2 從甘皮邊緣往指甲整體延伸塗膠，再照光硬化。此時要注意凝膠不要積在指甲前端，並上膠2次。

上層凝膠

1 在指甲中央塗放上層凝膠，自甲面一半處塗往指尖，指甲前緣也要仔細塗膠。

2 從甘皮邊緣往指甲整體延伸塗膠，再照光硬化。

完成！

1 以脫脂棉沾附凝膠清潔液，拭除未硬化凝膠。

塗膠的順序

①自指甲中央往前端塗刷。

②指甲前緣以筆刷前端，左右方向塗刷。

③以筆上剩餘的凝膠自甘皮邊緣往指甲整體延伸塗膠，再照光硬化。

GEL DATA

凝膠種類 軟式

硬化時間【UV】底層凝膠・彩膠…1分鐘，上層凝膠（Glossy Top Gel・Non Wipe上層凝膠・Top Primo）…1分鐘，Top Rev…2分鐘

【LED】底層凝膠・彩膠…20秒，上層凝膠（Glossy Top Gel・Non Wipe上層凝膠・Top Primo）…30秒

對應光源 UV・LED

檢定對應 申請中

Variation #01

發揮暈染技法特色的
可愛進化型法式指甲！

1

先以A塗滿指甲整體＆照光硬化，再以B・K09塗刷指甲正中央處＆照光硬化。

2

保留指甲中央的塗色，以C・#609畫上雙層法式，再照光硬化。

3

以D・#704、E・#610、F・#434大略地畫上圓形，再照光硬化。

4

以G・#001擦畫線條，再照光硬化。

5

以H・E07補足圓點，作成暈染開來的點點後照光硬化。

6

以I上層凝膠塗刷指甲整體，再照光硬化。

Item ·····

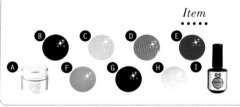

A／底層凝膠、B至H／LEAFGEL PREMIUM Color K09（see-through系列）・#609（Art系列）・#704・#610（Art系列）・#434（古董系列）・#001・E07、I／Non Wipe上層凝膠

1

先塗刷A＆照光硬化，再塗上B・#606＆硬化後，以C・#073鋪疊畫上花朵。

2

以D・#504在花朵上作出影子般色斑後，照光硬化。

3

在花朵的空隙間，暈染上E・#409＆照光硬化。重疊到花朵也OK。

4

以F・#403、G・#051將部分擦畫上顏色，再照光硬化。

5

以C・#073畫出花朵中心。

6

以B・#606拉線，並放上水鑽。再以H塗刷指甲整體，照光硬化完成作品。

Variation #02

故意作出色斑，
完成略帶陰影的設計。

Item ·····

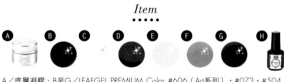

A／底層凝膠、B至G／LEAFGEL PREMIUM Color #606（Art系列）・#073・#504・#409（古董系列）・#403（和風系列）・#051、H／Glossy Top Gel

---

Nailist

nail salon Renée

市川理世
Instagram riyo1621

追求顯色・光澤・強度・持久性

パームスグレイスフル

Palms Graceful

伸縮性佳的日製指甲油款式的彩色凝膠，塗刷一次即可呈現效果卓越的顯色！

A至D／Art Gel（A-13M Butterfly Yellow・A-07M Dark Brown・A-09M Victorian rose・A-04M White）、E／Polish Gel Color P-16S Egg Shell、F・G／POLISH GEL（TOP・BASE）

Preparation 準備工作

1 修整指甲長度＆形狀。

2 塗上甘皮軟化劑，以鋼推將甘皮往上推。指甲表面＆周圍的老舊角質＆甘皮，則以紗布擦除。

3 以磨棒將指甲表面輕輕打磨至沒有光澤。

4 以卸甲棉或紙張沾附凝膠清潔液，擦除水分・油分・粉塵。

打磨 Point

以#180至#220G左右的磨棒，將指甲表面輕輕打磨到沒有光澤。

Application 應用

底層凝膠

1 沾取筆刷1/3左右的分量塗放在指甲中央，先往指尖方向塗刷，塗至兩邊側甲溝時，請注意皮膚不要沾到凝膠。

2 自指甲中央根部往前端塗刷，再從指甲根部側甲溝往指尖塗刷。塗至指甲前緣時，應立起筆刷進行塗膠。

彩膠

1 沾取筆刷1/3左右的分量塗放在指甲中央，先往指尖方向塗刷，塗至兩邊側甲溝時，請注意皮膚不要沾到凝膠。

2 自指甲中央根部往前端塗刷，再從指甲根部側甲溝往指尖塗刷。塗至指甲前緣時，應立起筆刷進行塗膠。

上層凝膠

1 沾取筆刷1/3左右的分量塗放在指甲中央，先往指尖方向塗刷，塗至兩邊側甲溝時，請注意皮膚不要沾到凝膠。自指甲中央根部側往前端塗刷，再從指甲根部側甲溝往指尖塗刷。塗至指甲前緣時，應立起筆刷進行塗膠。

完成！

由於沒有未硬化凝膠殘留，不需擦拭完成作品。

塗膠的順序

以#180至#220G左右的磨棒，將指甲表面輕輕打磨到沒有光澤。

GEL DATA

凝膠種類 **軟式**

硬化時間【UV】底層凝膠…60秒、彩膠・Art Gel…60至120秒、上層凝膠…60至120秒

【LED】底層凝膠…30秒、彩膠・Art Gel…30至60秒、上層凝膠…30至60秒

對應光源 **UV・LED**

檢定對應 **無**

Variation #01

水彩畫風的花朵
請一片片地仔細運筆畫出。

1 先以A塗滿指甲整體＆照光硬化，再取少量B・P-16S，將指甲整體薄塗一層後照光硬化。

2 以C・A-13M、D・A-16M、E・A-15M畫上花瓣後照光硬化。

3 以F・A-07M在花朵中央塗畫星星後照光硬化。

4 薄薄地塗上B・P-16S，再照光硬化。

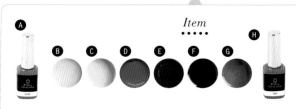

5 以G・A-09M畫上小花，再照光硬化。

6 依步驟3相同作法，以F・A-07M塗畫星星＆照光硬化。再以H塗滿指甲整體，照光硬化後完成作品。

Item
• • • • •

A／底層凝膠、B／Polish Gel Color（P-16S）、C至G／Art Gel（A-13M・A-16M・A-15M・A-07M・A-09M）、H／上層凝膠

1 先以A塗滿指甲整體＆照光硬化，再以B・P-16S塗刷＆照光硬化。

2 以C・A-20M斜畫線條後照光硬化。

Variation #02

活用細線筆的尖端，
體驗各種花樣彩繪的樂趣。

3 以D・A-07、E・A-21M畫線條後照光硬化。

4 在深藍色上以F・A-04M畫上花樣，並以E・A-21M隨意點上圓點後照光硬化。

5 依相同作法，以G・A-13M畫上圓點＆照光硬化。

6 在深藍色＆棕色間，以E・A-21M畫上小圓點後照光硬化。再塗上H，照光硬化完成作品。

Nailist

有限會社
エヌイーエス

小松夏子
HP www.palmsgraceful.com

Item
• • • • •

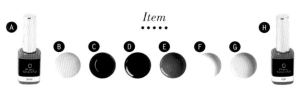

A／底層凝膠、B／Polish Gel Color（P-16S）、C至G／Art Gel（A-20M・A-07M・A-21M・A-04M・A-08M・A-13M）、H／上層凝膠

目標：
光療指甲檢定試驗！

若想再提高光療指甲技術，就試著挑戰光療指甲檢定吧！
請確實學會基本的知識&步驟，掌握合格的鑰匙！

☑ 光療指甲檢定試驗
CHECK POINT

檢定當天難免感到緊張和不安。
為了不過度焦慮，請事前確認
應該注意的重點。

JNA光療指甲技能檢定試驗

黑崎えり子ネイルビューティカレッジ
表參道校

池谷真理子

HP　　　　　http://www.erikonail.com/
Instagram　erikonail

JNA光療指甲技能檢定試驗？

以確保受試者已學習安全且正確的技術，且能提供光療指甲服務，
而誕生的「NPO法人日本美甲師協會」主辦的試驗。
檢定的詳細情報請參見HP。

HP：https://www.nail.or.jp/kentei/g_kentei.html

**首先確認指定使用的
光療產品品牌！**

試驗有特別規定使用的光療產品。
特別是初級考試的指定相當細微，
一定要事先確認唷！請參見JNA官
網確認指定品牌一覽表。

檢查有無遺漏物品！

事前審查開始後，將嚴禁工具&材
料的互相借用。除了實際操作的材
料工具，筆試的文具也禁止借用
喔！因此請在前一天將需要的物品
準備好，並仔細確認光療燈是否可
以正常運作。

**物品皆要
貼上標籤標示！**

需要貼標籤的工具&材料，在試驗
注意事項中皆有記載，表示方式也
務必遵照說明指示，請一定要仔細
確認唷！推薦使用市面販售的品名
標籤紙。

**攪拌光療膠的
推薦工具述？**

攪拌光療膠應使用塑膠或金屬製等
可以消毒的攪拌棒。以牙籤、竹
籤、攪拌棒等調理用具和道具，因
為不符衛生標準，是被禁止的。

I-NAIL-A光療指甲技能檢定試驗

GGコーポレーション

武本小夜

HP　　　　　http://www.sunshinebabe.jp/
Instagram　sayotakemoto

I-NAIL-A光療指甲技能檢定試驗

以學習專門人員提供美甲服務所需要的知識&技術為目的的檢定試
驗。除了技術面之外，也包含了美甲服務的綜合能力測試。檢定的
詳細情報請參見HP。

HP：http://www.i-nail-a.org

挑選模特兒的注意重點

手指&指甲沒有生病（灰指甲、發
炎、甲面剝離）等問題。指甲的長
度從手掌側看，距離指尖約10mm
以下是重點。

**工作區&清潔區
應確實區分**

工作區是進行作業的空間，禁止放
置器具&材料。器具&材料應放置
於在衛生的清潔區。各步驟結束&
造成髒汙時，皆應更換紙巾。

使用同一品牌的光療產品

請事先確認I-NAIL-A官網允許使用
的品牌。由於禁止將不同品牌的光
療膠混合或一起使用，請特別注
意！

**蓋子打開後不關上
絕對NG！**

分液瓶或放脫脂棉的盒蓋打開後不
關上，是常見的易犯疏失。灰塵&
粉塵一旦跑進去就會變得不衛生，
請牢記使用後要立刻關上蓋子喔！

JNA

光療指甲技能檢定試驗

初 級

審查光療指甲的基礎技術的「初級」。
重點在於審查正確的器具使用方法&
基本的作業流程。

流程

【術科試驗】

事前審查 （10分）	工具擺放／模特兒的指甲狀態 （保持一周沒有作指甲保養的狀態）
第一課題 （35分）	〈兩手10指〉指甲養護
中場 （5分）	第一課題的整理／第二課題的準備
第二課題 （60分）	〈左手5指〉指甲油上色 〈右手5指〉光療上色（紅色） 〈右手中指〉光療彩繪（孔雀紋）

【學科試驗】填塗答題卡（30分）

桌面擺設

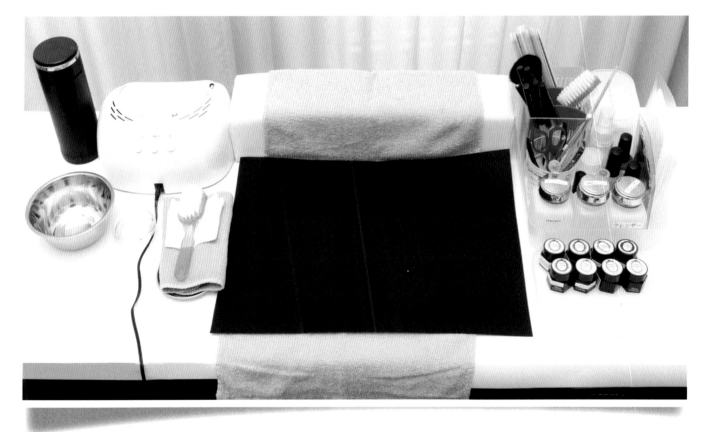

需要的工具

消毒杯（裝入的道具：櫸木棒・甘皮剪・攪拌棒・鑷子・鋼推）／肥皂液／溫水／紗布／甘皮軟化劑or甘皮軟化乳液／清潔液／保養用品／棉花片類／垃圾袋／消毒液／毛巾／指甲專用刷／磨板插／洗指碗／筆插／指甲平衡液／底層凝膠／彩膠（紅色）・上層凝膠／底油・指甲油・表層油／瓶子／去光水／燈具

注意事項

※每次試驗指定的光療產品或許會有變動，請
　事先確認JNA網站資訊。
※使用的工具一定要貼上產品名稱標籤。

第一課題

（35分）

〈兩手10指〉
指甲養護

卸指甲油&指甲養護

卸除指甲油

消毒操作者&模特兒的手指，再以去光水去除指甲油。細微的部分都要仔細卸除。

修整指甲長度&形狀

以磨板修整指甲長度&形狀。來回銼磨NG！指甲前緣應修整至5mm以下長度。

刷淨指甲

將甘皮塗上甘皮軟化劑或乳液後，浸泡溫水，再將髒汙刷除乾淨。

推甘皮

以毛巾吸收多餘水分後，以沾濕的鋼推將甘皮往上推。上推的角度應呈45度。

紗布擦拭

大拇指捲覆紗布並沾濕，以畫圓的方式擦除死皮&髒汙。

去除死皮

以甘皮剪輕柔地剪去死皮。注意不要傷及皮膚，慎重地處理。

完成

完成指甲保養

將沾附於皮膚上的指甲油仔細卸除。並確認甘皮已推好，死皮有無殘留。

第二課題

（60分）

〈左手5指〉
指甲油上色
〈右手5指〉
光療上色（紅色）
〈右手中指〉
光療彩繪（孔雀紋）

指甲上色

塗底油

在指甲的指尖&表面塗刷底油。注意指尖、甲溝、甘皮邊緣是否有未塗到的部分。

塗紅色指甲油

指尖朝內，先在指尖塗刷紅色指甲油，再塗刷指甲表面。依指尖→甲面的順序重疊塗色，並擦拭溢出的部分。

完成

完成指甲上色

依指尖→甲面的順序塗刷表層油。完成後，確認顏色是否積在一起&有無色斑。

光療上色

塗刷底層凝膠

打磨後，以凝膠清潔液拭除粉塵&髒汙。將指尖&甲面塗上底層凝膠後照光硬化。

塗刷紅色彩膠

注意不要有色斑地塗刷指尖&甲面後，以棉花棒修除溢出部分再照光硬化。

重疊塗刷彩膠

重疊塗刷紅色彩膠後照光硬化。請不要忘記塗指尖喔！重點在於刷毛不要用力，不可有色斑產生，且邊緣也要確實塗滿。

**NG
範例**

表面沒有光澤

塗佈分量不當，硬化時間不足，或未硬化凝膠擦拭過於隨意皆會造成無光澤感。

塗刷上層凝膠

塗刷上層凝膠時注意不要有色斑，將指尖&甲面確實塗滿後照光硬化。建議以比底層凝膠&彩膠稍多一些的分量來塗就OK。

拭除未硬化凝膠

以卸甲棉沾附足夠的凝膠清潔液後，拭除未硬化凝膠。未硬化凝膠殘留也是造成混濁的原因！

完成

完成光療上色

側甲溝&甘皮邊緣等，在硬化前請再次確認是否有凝膠殘留或堆積，並進行修正。

彩膠溢出

彩膠溢出或沾附於皮膚上都會扣分，所以在硬化前一定要仔細修正喔！

光療彩繪

1 塗刷透明膠

將指甲整體塗刷透明膠，但暫不作硬化。塗透明膠是為了拉出漂亮的孔雀紋線條。

2 拉線①

以彩膠拉線條。為了防止凝膠流散，推薦使用較硬材質的彩膠。

3 拉線②

以不同顏色的凝膠拉線。注意不要和相鄰的線條混在一起，且線條的粗細要平均。

NG 範例

彩繪擴散

作業時間一長，就會造成凝膠流動散開。因此請快速地完成彩繪！

4 畫孔雀紋①

以乾淨的拉線細筆垂直拉畫（Drag）。為了防止線條歪斜，重點是以筆尖一口氣拉畫。

5 畫孔雀紋②

每拉畫一條，就以紙巾擦拭筆尖。維持均寬地拉線後，照光硬化，再塗刷上層凝膠完成作品。

完成 完成凝膠彩繪

色彩搭配是否漂亮、孔雀紋的線條是否等距、線條有無散開等，都是評分的項目。

拉線寬度過寬

筆壓過強筆觸就會變寬，拉線寬度也會變得過粗。請以一定的力道以筆尖拉線。

Finish!!

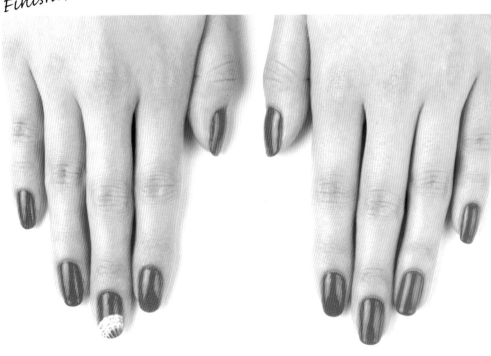

Check Point

10指的彩繪是否整齊

兩手10指的長度＆形狀不平均，或彩繪形狀沒有形成圓弧都會被扣分。請仔細確認兩手皆整齊美麗！

注意紅色溢出＆漏塗的狀況

紅色是一但有溢出＆漏塗狀況就極為明顯的顏色。由於顏色會附著於皮膚上，溢出時就請立即修正。

挑選在紅色甲面上顯色度佳的彩膠

彩繪使用的顏色，挑選能從紅色上突出的顏色是重點。建議加上白色，整體的平衡感就會更好。

Close UP!

1 光療上色

Front

Side

確認甲溝＆甘皮邊緣是否有溢出或漏塗的部分，手指是否有沾到凝膠。

2 光療彩繪

Front

Side

重點是表面沒有凹凸不平，且有畫出細緻線條。請挑選能突顯彩繪效果的顏色吧！

JNA

光療指甲技能檢定測驗

中 級

加上延甲課題，難易度也提升了！
審查標準為確認是否
已習得美容業務需要的技術。

流程

【術科試驗】

事前審查（10分） 工具擺放／模特兒的指甲狀態等（右手5指）保養完成後上膠、（左手5指）維持一週沒有作過指甲保養的狀態）

▼

第一課題（30分） 〈左手5指〉指甲養護＆上指甲油（紅色）

▼

中場（5分） 第一課題的整理／第二課題的準備

▼

第二課題（60分） 〈左手5指〉卸指甲油＆作法式光療
〈右手5指〉卸甲
〈右手中指以外〉漸變光療
〈右手中指〉光療延甲（透明甲片）

【學科試驗】填塗答題卡（30分）

第二課題
（60分）

〈左手5指〉卸指甲油＆
作法式光療
〈右手5指〉卸甲
〈右手中指以外〉
漸變光療
〈右手中指〉
光療延甲（透明甲片）

工具擺放

鋁箔紙／延甲膠／消毒杯（放入的道具：櫸木棒・甘皮剪・攪拌棒・鑷子・鋼推）／肥皂液／溫水／紗布／甘皮軟化劑or甘皮軟化乳液／清潔液／保養用品／海綿類／垃圾袋／消毒液／毛巾／指甲剪／指甲專用刷／磨板插／洗指碗／延甲紙模／筆插／平衡液／底層凝膠・彩膠（白色・粉紅色）・上層凝膠／底油・指甲油・表層油／瓶子／去光水／燈具／C 弧度塑型棒（隨意）／電動磨甲機（隨意）

※紅字為中級追加的工具。

法式光療

畫法式指甲①
準備工作完成後，塗刷底層凝膠＆照光硬化。再以白色凝膠自側邊甲溝往中心畫法式線條。

畫法式指甲②
將步驟1的交界處＆色斑抹順，以擦拭乾淨的平筆擦除多餘部分，整理形狀後照光硬化。

重疊塗畫法式線條
以白色凝膠再重複塗畫法式＆照光硬化。請確認最高點的高度是否一致＆寬度是否均等。

塗刷上層凝膠
以上層凝膠塗刷指甲前緣＆甲面後，照光硬化。再以卸甲棉沾附凝膠清潔劑，將未硬化凝膠確實擦拭乾淨。

完成法式光療
確認法式線條寬度是否有均等＆白色是否有色斑，並注意指甲前緣不要塗得過厚。

卸甲

削磨凝膠表面
為了使卸甲液能確實滲透，以電動磨甲機或磨棒磨除上層凝膠。

待卸甲液滲透後進行卸甲
將沾附了卸甲液的脫脂棉鋪放於甲面上，以鋁箔紙包覆指甲後靜置稍待。再以鋼推仔細地去除溶解的凝膠。

不要有殘留
側甲溝改以其他鋼推，以前端尖銳的部分刮除凝膠。

卸甲完成
確認側甲溝＆邊緣沒有凝膠殘留，確實卸除乾淨即完成。

漸變光療

塗刷粉紅色凝膠
先塗刷底層凝膠＆照光硬化，再在指甲前緣塗刷粉紅色凝膠，塗至距離指尖2/3的距離，暫不硬化。

在交界處作漸變效果
在顏色交界處，以平筆表面輕輕刷過漸變色後，照光硬化。重複2至3次步驟1至2。

塗刷上層凝膠
將指甲前緣＆整體塗刷上層凝膠後，照光硬化。再以卸甲棉沾附凝膠清潔劑，拭除未硬化凝膠。

完成漸變光療
理想的完成狀態應是色調均一，交界處呈自然暈開的漸變色。藍色系、黃色系，不論哪種的粉紅都可以使用。

光療延甲

修剪指甲前緣
以指甲剪將指甲前緣剪短。

打磨
以砂銼修磨至接近微笑線邊緣，整理形狀＆以磨棒打磨。再清除粉塵，塗上指甲平衡液。

貼上延甲紙模
以弧度棒將延甲紙模作出圓弧，對合微笑線後，以剪刀裁剪，再對正直線貼上。

也從側邊確認
指甲從側視檢查，確認負荷點確實貼到紙模。若有空隙會被扣分喔！

塗刷底層凝膠
以凝膠筆筆尖沾取適量底層凝膠，塗刷指甲整體時注意不要有紋路產生，再照光硬化。塗膠的重點在於薄薄地塗出均一厚度。

作基礎
取少量延甲膠，補滿真甲＆指甲前緣的高低差後，製作基礎部分再照光硬化。

在指甲前緣作出厚度
沾取足夠的延甲膠，將自真甲1/2處開始到指甲前緣處，作出厚度＆暫時照光硬化。

以延甲膠覆蓋
將延甲膠自甘皮邊緣塗至指甲前緣，整理形狀後照光硬化。並請特別注意置高點位置。

打磨①
塑甲。待完全硬化後，拭除未硬化凝膠，以磨棒修整指甲形狀。

打磨②
以磨棒修整指甲表面形狀，並注意與其他指甲的差異不可過大，應盡量接近真甲的形狀＆厚度。

塗刷上層凝膠
清除粉塵後，以凝膠清潔劑清除細粉塵＆髒汙。再塗刷上層凝膠＆照光硬化，並拭除未硬化凝膠。

完成
完成光療延甲
將指甲前緣的長度作出2至3mm左右。並確認從指尖看C弧的角度是否呈約10%左右。

＼Finish！／

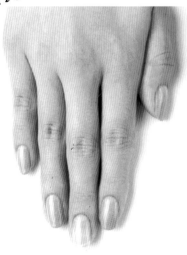

Check Point

左右對稱的法式最理想
線條歪斜，左右沒有對稱的法式都NG！TOP END應與法式線條連接。若有在意的部分一定要修正後再硬化喔！

完成自然的漸變色
使用霧面的粉紅色。漸變色太薄或有色斑都會被扣分！審查重點是指甲根部的透明處應保留約1/3左右。

延甲的形狀
為了要作出長度約為2至3mm的指甲前緣，打磨前預留5mm左右長度較佳。完成的長度＆置高點位置應盡量接近真甲狀況。

Close UP!

1 法式光療

Front

Side

作出左右對稱的法式線條＆TOP END。太寬或太細的線條都NG！

2 漸變光療

Front

Side

自指甲2/3左右寬度處，作左右均等的暈散。理想狀態是沒有色斑的漸變效果。

3 光療延甲

Front

Side

均一的厚度＆正確位置的置高點是鐵則！請以作出接近自然的指甲作為目標。

I-NAIL-A

光療指甲技能檢定測驗

3 級

審查光療指甲基礎的正確知識。
合格的秘訣是仔細地按步驟執行。

流程

【術科試驗】

指甲保養
（事先完成）

↓

工具擺放
（10分）　　　　※也同時進行模特兒確認。

↓

準備工作
（15分）　　　　〈兩手10指〉準備工作

↓

運用
（45分）　　　　〈右手5指〉上透明凝膠
　　　　　　　　〈左手5指〉上彩膠（紅色）

【學科試驗】 填塗答題卡（30分）
包含指甲的衛生學‧人體的構造‧指甲＆異常狀況‧
美甲師的科學‧指甲概論‧指甲的技術。

桌面擺放

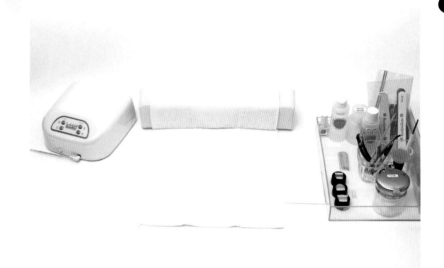

需要的工具

光療指甲用燈具（光源）／枕手墊／消毒杯／櫸
木棒／砂銼類／工具用消毒液／急救箱／甘皮剪
／垃圾袋／將垃圾袋固定於桌邊的膠帶／凝膠刷
／手指用消毒液／管理照燈時間的計時器／白色
脫脂棉／白色毛巾／白色紙巾／攪拌棒／粉塵清
潔刷／指甲用消毒液／磨棒類／鋼推／底層凝
膠‧彩膠（霧面紅）‧上層凝膠／未硬化凝膠去
除劑／卸甲棉類

注 意 事 項

※不要將道具擺放在托盤之外，但若在清潔區內
　放在托盤外也OK。
※作業中使用的磨棒類注意不要碰到筆具。

準備工作
（15分）

〈兩手10指〉
前置準備

※事先修整指甲長度＆整理形狀。

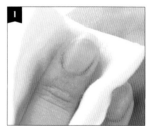

1

消毒手指
以脫脂棉沾附手指
消毒液，消毒施作
人員的手背、指
尖、手掌、指頭間
縫隙後，再更換新
的脫脂棉，為模特
兒進行消毒。

2

拋磨指甲
以磨棒拋磨指甲表
面，拋至指甲光澤
消失即OK。就連
甘皮邊緣＆側甲溝
也要仔細拋磨。

3

清除粉塵
以粉塵清潔刷清除
附著於皮膚＆指甲
上的粉塵，指甲內
面的粉塵也以刷子
清掉。

4

消毒指甲
以卸甲棉沾附消毒
液，擦拭指甲表
面，清除油分＆水
分＆髒污，並連同
指甲內面也擦拭乾
淨。

完成

完成準備工作
確認左右的形狀是
否平均‧甘皮是否
已上推‧死皮是否
已處理‧整體是否
已拋磨完成。

運用
（45分）

〈右手5指〉
上透明凝膠
〈右手5指〉
上彩膠（紅色）

上透明凝膠

❶ 消毒後塗刷底層膠
先以指甲用消毒液消毒，再以凝膠筆尖取適量底層膠，依甘皮邊緣→前端→指甲尖的順序塗至均一厚度，照光硬化。

❷ 拭除未硬化凝膠
以清潔棉沾附未硬化凝膠去除劑，拭除未硬化凝膠。

完成 完成透明凝膠
表面無凹凸狀、厚度均等，且側甲溝＆指甲前緣皆塗刷漂亮即完成。

上彩膠

❶ 塗刷底層膠
以底層膠確實塗刷指甲前緣＆表面後照光硬化。一定要確認甘皮邊緣＆側甲溝是否有結塊喔！

❷ 攪拌彩膠
以攪拌棒或牙籤攪拌彩膠。請慢慢地攪拌，使沉澱於底部的色素徹底混合均勻。

❸ 塗刷彩膠①
以筆沾取紅色凝膠塗放於指甲中央，往指尖方向塗膠時，不要留下筆刷痕跡地平順塗刷。

❹ 塗刷彩膠②
將彩膠自中心塗往側甲溝，再往指尖方向直拉筆刷，塗刷指甲前緣。請盡量塗至側甲溝邊緣。

❺ 塗刷彩膠③
將筆上多餘的彩膠沾在甘皮邊緣，往指尖方向塗膠時，不要留下筆刷痕跡地平順塗刷。再將溢出的彩膠修掉後照光硬化。

❻ 重疊塗刷彩膠
以塗刷第一層彩膠時的相同作法，先在指甲中心處塗放彩膠，依前端→指甲前緣→甘皮邊緣→前端的順序塗刷，再照光硬化。

❼ 塗刷上層凝膠
先將整體均勻無色差地塗刷上層凝膠，再將筆上多餘的凝膠塗擦指甲前緣。待檢視＆修正溢出部分後照光硬化，並拭除未硬化凝膠。

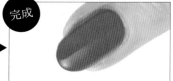

完成 完成彩色凝膠
確認是否有筆刷痕跡、色斑，甘皮邊緣＆側甲溝是否確實塗刷，凝膠有無溢出等狀況。

\Finish!/

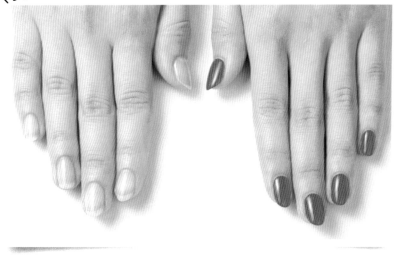

Close UP!

1 上透明凝膠

Front

透明凝膠塗刷兩次即可完成。由於透明色不易看清，請仔細確認是否有塗到甘皮邊緣＆側甲溝。

2 上彩膠

Front

彩膠的塗色均一且無色斑，及表面光澤度是否混濁等，皆是審查的重點。

Check Point

衛生面也極為重要
作業應要在「工作區」進行，各步驟結束時皆應更換乾淨的紙巾。取放脫脂綿＆凝膠的蓋子打開後不關上，皆是被視為不衛生的扣分項目。

10指的整體平衡
檢視兩手整體時，請注意指甲的長度、形狀、厚度的整體感。指甲的形狀雖然沒有規定，但10指的形狀一定要一樣。

塗凝膠後一定要確認
是否有凝膠溢出至甘皮邊緣＆側甲溝、有無漏塗的部分、指甲表面是否呈現光澤等，所有細微的部分都要仔細確認。

I-NAIL-A

光療指甲技能檢定測驗

2 級

需要專門技巧的貼甲片、
塗刷容易有色斑產生的珍珠白，
速度&仔細地完成非常重要！

流程

【術科試驗】

- 指甲保養（事先完成）
- 工具擺放　也同時進行模特兒確認。
- 準備工作（15分）　〈兩手10指〉準備工作
- 運用①（20分）　〈2指※無指定指甲〉貼甲片
- 運用②（45分）　〈兩手10指〉上彩膠（珍珠白）

【學科試驗】填塗答題卡（30分）
包含指甲的衛生學・人體的構造・指甲&異常狀況・
美甲師的科學・指甲概論・指甲的技術。

【運用①】
（20分）
〈2指※無指定指甲〉
貼甲片

【運用②】
（45分）
〈兩手10指〉
上彩膠
（珍珠白）

桌面擺放

光療指甲用燈具（光源）／枕手墊／消毒杯／櫸木棒／砂銼類／工具用消毒液
／急救箱／甘皮剪／樹脂黏著劑or黏膠／垃圾袋／將垃圾袋固定於桌邊的膠帶
／凝膠刷／手指用消毒液／管理照燈時間的計時器／白色脫脂棉／白色毛巾／
白色紙巾／攪拌棒／粉塵清潔刷／甲片剪or指甲剪刀or指甲剪／指甲用消毒液
／甲片（自然或透明）／磨棒類／鋼推／底層凝膠・彩膠（珍珠白）・上層凝
膠／未硬化凝膠去除劑／卸甲棉類

貼甲片

1　確認甲片尺寸

將甲片對合指甲前端，挑選合適的尺寸。請
挑選輕輕按壓甲片時，能覆蓋到側甲溝的尺
寸。

2　拋磨

修整指甲長度&以磨棒拋磨，再清除粉塵，
並將指甲整體以指甲消毒液進行消毒。

3　甲片塗黏著劑

在甲片的接觸面塗黏著劑或黏膠。黏著劑太
少容易脫落，過多則會溢膠，請選擇適合的
分量。

4　貼上甲片

趁黏著劑或黏膠未乾前，將甲片貼在指甲前
端，負荷點也請確實按壓貼合。

5　修剪甲片

以甲片剪或指甲剪刀修剪甲片。完成的指甲
前緣長度應和其他手指相同。

6　修整甲片形狀

以磨棒修整甲片形狀。注意不要太用力而讓
甲片脫落，並修整成與其他手指相同的形
狀。

7　修磨甲片的高低差

針對真甲&甲片的高低差仔細地以磨棒修
磨，並注意磨棒的角度，不可削到真甲。

8　清掉粉塵

削磨完成後，以粉塵清潔刷仔細地清掉粉
塵。指甲內面也要確實清理。

9　以指甲消毒液進行消毒

塗凝膠前以指甲用消毒液進行消毒。只需塗
在真甲表面即可，千萬不可忘記這個步驟
喔！

10　塗刷底層凝膠

將指甲整體塗滿底層凝膠，再照光硬化。請
在此步驟確實補滿甲片&真甲的高低差。

11　塗刷上層凝膠

在指甲的指甲前緣&甲面塗刷上層凝膠，再
照光硬化。並注意甘皮邊緣&側甲溝是否有
遺漏之處。

12　拭除未硬化凝膠

以卸甲棉沾附未硬化凝膠去除劑，拭除未硬
化凝膠。亦可依情況需要進行打磨。

完成　完成貼甲片

完成真甲&甲片無高低差，表面平滑的狀
態。並確認厚度是否適當，長度是否自然。

上彩膠

1 攪拌凝膠
以攪拌棒或牙籤攪拌彩膠。不需要攪拌的凝膠種類，省略此步驟也OK。

2 塗刷底層凝膠
以筆刷沾取適量底層凝膠，塗刷指甲前緣＆指甲表面，確認表面滑順後照光硬化。

3 塗彩膠①
在指甲中心處塗放珍珠白的彩膠，注意不要有色斑，直線地往前端塗刷。

NG 範例

凝膠有皺褶
使用容易留下筆刷痕跡的珍珠色凝膠時，應注意筆壓，以筆尖誘導塗膠。

4 塗彩膠
自甘皮邊緣往前端塗刷彩膠，並注意筆壓輕地塗膠。

5 塗彩膠③
將筆上殘留的凝膠放於指甲根部，使與步驟4相連地進行塗膠，將整體順平，並連側甲溝也要確實塗到。

6 重疊塗上彩膠
與第1次塗色時相同，依指甲中心→前端→指甲前緣→甘皮邊緣→前端的順序重疊塗上珍珠白，再照光硬化。

凝膠堆積於前端
一次塗刷的分量過多，會使指甲前端＆側甲溝積聚。請薄薄地重疊塗上適量凝膠即可。

7 塗刷上層凝膠
筆尖稍微取多一點的上層凝膠，注意不要有色斑地塗刷指甲整體，再照光硬化。指甲前緣也不要忘記塗膠。

8 拭除未硬化凝膠
以卸甲棉沾附未硬化凝膠去除劑，拭除未硬化凝膠。並仔細檢視邊緣是否有沒擦除的殘膠。

完成

完成上彩膠
確認整體帶有光澤，珍珠色凝膠沒有堆聚在一起。若表面呈混濁狀，可能是因為照光不足或有殘留未硬化凝膠。

\ Finish!/

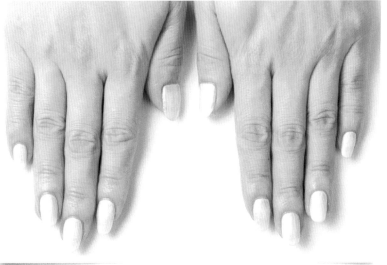

Check Point

基本技術也是評分項目
指甲的長度、形狀、厚度等，基本的技術皆是評分項目。也請充分注意衛生面，並確保長度在3mm以上，10mm左右以下。

貼甲片的評分重點
甲片尺寸是否適合、有沒有適當地蓋住負荷點、與其他指甲的形狀是否相同，皆是評分重點。

上彩膠的審查重點
珍珠白的凹凸感、筆刷痕跡、色斑都特別顯眼，塗膠時請不要慌張，仔細地塗膠。凝膠溢出時，也要確實修正。

Close UP!

1 貼甲片

Front

確認是否完成如真甲般自然的指甲，凝膠是否有溢膠或漏塗。

2 上彩膠

Front

表面沒有凹凸感＆筆刷痕跡。珍珠白的線條呈直線又滑順是最理想的。

用語索引

剛開始作光療指甲時，若有「這是什麼意思呢？」的疑問時，
就立刻確認此頁簡介吧！
活用用語索引，也能加深對光療指甲的認識唷！

壓克力顏料

適合繪製細緻花樣，適用於指甲彩繪。是以壓克力樹脂製作的顏料。

丙酮

卸除光療指甲、人工甲片、3D粉雕時使用的溶劑。
由於會導致指甲＆皮膚容易乾燥，使用後需要保濕。

educate

各廠牌所屬，具有專門知識及技術資格的教師，有負責將自家公司的正確技術＆知識擴展販賣的責任。

彩色粉雕粉

以壓克力粉末加上色彩的成品，適用於進行軟式光療＆3D粉雕時。

Grid（G）

表示磨棒粗細的單位。數字越小目數越粗，數字越大則目數越細。水晶指甲用的剉板為180至240G，人工甲片用的一般為100至180G。

硬化

以UV燈的紫外線或LED燈的可見光線進行硬化，是凝膠的特性。

打磨

在塗刷底層凝膠前，為了使凝膠可以牢固附著於甲面，去除指甲表面光澤的步驟。稍微磨除真甲表面亦有幫助凝膠牢固的效果。

補強真甲（Gel floater）

不延甲，僅在在真甲上塗彩膠的技法。常用於一般的光療指甲。

C Curve

自指甲前端水平直視時的弧度。

攪拌棒

攪拌凝膠時使用的棒狀道具。攪拌是指攪拌混合凝膠。

甲面整平（自平性）

凝膠特有的性質。塗刷凝膠後等靜待數秒，即會自動擴散開來，使表面呈現平滑狀。

Dust

磨削真甲＆人工指甲時產生的指甲粉塵。粉塵若留在指甲表面＆周圍，將讓凝膠容易剝落。

Drag art

線條拉花的指甲彩繪統稱。代表性設計有大理石紋＆孔雀紋。Drag意指線條拉花。

Texture

主要被用來作凝膠黏度的同義詞。

真甲

意指沒有塗任何產品，也沒有裝飾的真甲。

指甲層分裂甲

三層的指甲裂成兩片的美甲症狀。原因是使用指甲剪或過於乾燥。

氣泡

凝膠攪拌過度產生的氣泡。凝膠內的若混入空氣，在有氣泡的狀態下塗刷甲面，就會造成色差。

平面美甲

以壓克力顏料進行彩繪＆彩繪貼片的平面美甲。

準備工作

製作人工指甲前，為了能與真甲緊密結合的事前處理。此步驟沒有確實作好，即可能導致凝膠＆指甲分離。

指甲油

有自然乾燥性質的美甲用指甲油。原本被用來作為護甲的統稱。

未硬化凝膠

光療照燈硬化時，未確實硬化的殘留凝膠，需以凝膠清潔液等拭除。

補甲

意指修補水晶指甲＆光療指甲。不完全卸甲處理新長出的指甲根部＆與甲面分離的凝膠，而是直接處理修改成新設計的步驟。

國家圖書館出版品預行編目資料

光療指彩設計Book：專業美甲師指尖心機進化
版／BOUTIQUE-SHA授權；莊琇雲譯.
-- 二版. -- 新北市：雅書堂文化，2021.12
　面；　公分. --（Fashion Guide美妝書；10）
ISBN 978-986-302-612-9（平裝）

1.指甲 2.美容

425.6　　　　　　　　110019540

Fashion guide 美妝書 10

光療指彩設計Book
專業美甲師指尖心機進化（暢銷版）

授　　權／BOUTIQUE-SHA
譯　　者／莊琇雲
發 行 人／詹慶和
選 書 人／Eliza Elegant Zeal
執行編輯／陳姿伶
編　　輯／蔡毓玲・劉蕙寧・黃璟安
執行美編／陳麗娜・韓欣恬
美術編輯／周盈汝
內頁排版／造極

出版者／雅書堂文化事業有限公司
發行者／雅書堂文化事業有限公司
郵政劃撥帳號／18225950
戶名／雅書堂文化事業有限公司
地址／新北市板橋區板新路206號3樓
電話／(02)8952-4078
傳真／(02)8952-4084
網址／www.elegantbooks.com.tw
電子信箱／elegant.books@msa.hinet.net

2018年4月初版一刷
2021年12月二版一刷　定價 350 元

Boutique Mook No.1326
GEL NAIL PREMIUM BOOK
© 2016 Boutique-sha, Inc.
All rights reserved.
Original Japanese edition published in Japan by BOUTIQUE-
SHA.
Chinese (in complex character) translation rights arranged
with BOUTIQUE-SHA.
through KEIO CULTURAL ENTERPRISE CO., LTD.

經銷／易可數位行銷股份有限公司
地址／新北市新店區寶橋路235巷6弄3號5樓
電話／(02)8911-0825　傳真／(02)8911-0801

Elegantbooks
以閱讀享受幸福生活

美妝
FashionGuide
書

Fashion Guide 美妝書08
微整型開運彩妝
作者：張鈺珠
定價：450元
17 × 23 cm・144頁・彩色

Fashion Guide 美妝書06
自學OK！
初學者的第一本美甲教科書
監修：兼光アキ子
定價：380元
14.7×21cm・168頁・彩色

Fashion Guide 美妝書09
初學就上手！
自然・可愛の短指甲凝膠彩繪
作者：virth＋LIM
定價：320元
18.2 × 21 cm・128頁・彩色